地方志災異資料叢刊

第二編

30

于春媚　賈貴榮　編

國家圖書館出版社

第三十冊目録

王補、曾燦材纂

【民國】廬陵縣志

民國九年（1920）刻本

祥異

晉

太康八年四月木連理生於東昌白下大記

永興元年石陽地震水湧山崩省志

太興元年冬十二月廬陵豫章地震水湧山崩鄭樵通志畧

大元八年三月大水平地五丈　十八年夏六月廬陵大水深五丈同上

義熙八年正月至四月地四震明年王師西討荆益

劉宋

元嘉二年五月縣池芙蓉二花一蔕太守王淵以聞省志引豫章書作二十年

泰始六年秋七月白雀二見

齊

建元元年夏長溪水衝激山麓崩　二年石陽縣山麓出古木千餘章皆十圍上有古文不可識江淹以問王儉儉曰江東不諳隸書此必秦漢時樹也南齊書

梁

天監五年郡守王希聃於高昌縣之仁山獲銅瑞劍二口以聞

唐

顯慶元年秋七月吉州火焚倉廩甲仗及民居二百餘家豫章書

長慶四年十一月大水省志

南唐

李後主時邑歐氏子忽化爲女嫁人生子江南野史紫芝生歐陽氏家屋楹六一居士家譜

宋

淳化元年夏六月大雨江漲丈三尺漂壞民田廬舍豫章書

大中祥符八年夏六月州水泛溢害民田秋七月產嘉蓮一莖二花同上

景祐三年夏六月江水漲潰城溺死者多詔䘏其家同上

慶歷四年甘露降

皇祐三年冬甘露降知州王固以聞案省志引仁宗實錄作四年

熙甯二年夏六月城西池生瑞蓮秋八月玉虛觀生芝叢十月甘露降於天慶寺

元豐六年秋八月州生芝草三十本二本生於州治獄門東又生於郡齋又生於西峯之秀野亭最異者黃芝之異本同穎時郡守魏綸卽秀野亭改爲三秀亭黃廷堅有記省志

紹興三年吉州饑令宣諭使賑之豫章書

隆興元年五月大水圮民居壞田圩　案綱目隆興止二年省志引豫章書作九年蓋誤元爲九

淳熙三年春三月大雨害麥　七年大旱　九年夏旱五月不雨

至秋七月　十年秋八月吉信二州水　十一年自四月不雨

至於八月吉贛建昌旱吉尤甚是冬又不雨至明年二月　十

五年吉州治東池生蓮一莖三葩

紹熙四年水漂沒民廬

嘉定二年秋九月吉州火燔五百餘家

元

至元四年三月吉安境雨毛如綿　案舊志誤作元統元統無四年當是至元之誤特正之

十七年秋七月大水　豫章書

元貞元年夏六月大水

泰定元年夏五月吉安饑　同上

至順二年吉安大饑

元統二年秋九月吉安路水

至正四年吉安大水　十二年正月星隕於城東北其光如火其聲如雷是年徐壽輝稱天完帝　十三年大旱　十四年四月末霖雨洪水驟至平地深數丈漂没民田秋疫痢尤甚歲大饑

明

洪武元年大饑

永樂二年郡屬大水歲饑人相食　八年三月縣學生黃瑞家竹一本二幹（案省志黃瑞作黃端）

宣德年間城北溪傍産嘉禾一莖九穗

正統二年四月郡屬大水

景泰初瑞溪橋去大櫟橋一里無雨忽漲水三日方清橋邊禾一

埜九穗故橋名曰瑞溪

成化二十一年五月大水高十餘丈漂沒田廬溺死者無算

正德二年秋七月吉安雨血著衣皆赤豫章書 九年草岡周仕家產芝數本其一權奇類人掌 十四年七月吉安城夜雨血白衣沾之皆赤是年宸濠反

嘉靖六年春大旱 十年七月朔彗星見西方 十二年秋七月縣城西北隕星如雨 十四年秋七月吉安水豫章書 十五年七月十四戌亥之交紫雲捧月五色成文府志 二十一年大旱 二十二年吉安大饑明年旱又饑 二十四年春饑復疫豫章書

隆慶三年大饑

萬歷十二年大水傷禾稼 十七年大饑 二十二年大饑 二十四年大水漂沒廬舍歲大饑 二十八年秋地震 四十四

年吉安大水民饑

天啟三年旱饑　四年府屬旱饑

崇禎十年旱　十六年大旱府堂燬　十七年二月上丁日府學明倫堂樑忽墜同日縣學明倫堂雷劈棟柱三月闖賊陷京師

國朝

順治二年秋七月日午有星如火墜下丈餘轟然有聲　三年夏四月天門開於西南見五色雲如畫　四年大饑斗米值金六錢餓死者眾尋大水　八年大水　九年大旱　十三年鳳凰集於龍須山有鳥千百隨之　十四年旱　十八年八月西方大星流於北小星隨者無數

康熙六年大水秋有白氣出東方直射中天三夜乃滅　七年三月十三日雨雹十六日又雹以掌承之化為污泥東源張氏田

忽陷深丈餘　三十五年雨雹大如碗內有魚鰕草藻其年麥大收府志　四十三年春夏荒穀價大昂　四十四年夏全縣水巡撫郎廷極勘報蠲賑省志　五十二年大水民饑　五十九年大有秋　六十一年秋境內見兩日相盪

雍正十一年冬十二月資國寺牡丹盛開

乾隆元年二月青原一小山三鳴羊牯井湧出源泉忽大水漫岸結成二字四圍有龍鳳之異三日夜乃解是年隴內禾麥兩歧縣境皆大有年案青原小山係坊廓鄉大塘楓山下之小山旁有羊牯井泉非襄江東之青原山也　三年夏秋大旱蝗　八年大祲穀價騰民掘白土謂之仙粉和菜充饑　十七年邑民人一產三男十二月冰凍作花有松柏芰荷牡丹及龍鳳龜鶴之狀　十九年大水壞民廬舍　二十一年有五色文鳥入蕭氏家三日乃去　二十七年正月二日天鼓

鳴　二十九年大水　三十年歲祲穀價騰湧　三十二年二月大雨雹傾屋折樹　三十五年秋大稔　三十八年大稔明年復大稔穀價平　四十二年縣齋桂樹下生紫芝三本　四十五年大稔　五十一年旱　五十四年大旱

嘉慶元年春二月縣西北雨雹破屋折樹鳥雀多爲之斃　五年正月大凍水盡冰九月大雨雪　六年地震　七年歲祲穀價昂　十年冬十月地震　十七年大水　十八年大水　十九年大饑民掘白土爲食　二十五年夏秋大旱

道光三年雪深數尺歲大稔　六年夏大旱復饑禾江大水　十年秋禾廬兩江大水民舍多傾　十四年夏大水饑穀價騰縣南民家雌雞化雄　十五年春夏旱贛江大水　十八年大稔十九年稔穀價平　二十一年大水　二十三年夏白氣見西

方　二十六年正月大冰　二十八年夏贛江大水
咸豐三年夏旱六月淫雨大水田穀生秧彗星見西方踰月滅
四年大饑穀價湧　五年夏秋白氣自西竟東數月乃滅牝豬
生子如人形　六年春夏贛江水面火點稠如繁星徹夜浮而
不動　八年夏彗星見西方七月大星自東流西長數丈光如
結炬行空有聲　十年夏熒惑入南斗　十一年正月彗星見
西北
同治元年春大風拔木　五年三月大水　八年五月大水　九
年夏秋大旱自五月不雨至十月井泉涸穀價騰大饑　十年
正月木冰歲稔秋風雨損晚稻　十二年永福上鄉野馬食人
十二月純化鄉山中天雨豆色黑而形小土人掃取有得一二
石者食之味如杏仁府志　十三年縣東北羣狼噬人明年亦如之

光緒二年四月大雨青原山蛟出待月橋被水衝塌五月大水三年鄕民遍驚妖風髮辮無故被剪雞入㮇晨出尾盡落　四年九月一日永福茅田坑蛟出沿溪百里橋梁盡斷其經過處糧田衝塌者不少　七年秋彗星見兩月乃隱九月彗星見於西方　九年大旱河東鄕民就南橋庵設萬緣醮壇禱雨不日庵之右橋下忽湧泉一鑿深尺許禮佛畢泉仍止　十四年夏五月青原山大雄殿後鳳尾蕉開花一朶大如瓜明年復開十七年三月三日雹大如拳樹葉盡打脫大木拔　十九年夏大旱穀價騰　二十年彗星見東方是年臺灣失　二十二年四月五日狂風發是午淩波渡船隻翻沉渡者斃五六十人二十五年夏四月大水南關店戶訛驚水賊鬧至鋪戶屋上張鐙傳呼拿賊是年洊饑竹生米　二十六年十月倉穀生蟲傳

所謂彀飛爲蠱也鄉民多以是月望日焚香賀歲祈除蟲害

二十九年四月雀食麥　三十年五月龍集寺前土嶺蛟出壞民田數百畝　三十三年罴貲見　三十四年桃李冬實

宣統二年彗星見於西北方狼噬人山郡被驚歷年不止　三年耕牛瘟六七月間彗星見

廬陵縣志卷一上終

李正誼等修　鄢鵲纂

【民國】吉安縣志

民國三十年(1941)鉛印本

吉安縣志卷一

大事志

漢建安三年戊寅

丹陽人僮芝據廬陵稱亂詐言被詔書爲太守民不能堪

四年己卯

冬孫策狥豫章降華歆會僮芝病揚武校尉孫輔以孫策計進取廬陵平僮芝策以輔爲廬陵太守撫定屬城分置長史

十九年甲午

廬陵賊起諸將討擊不能平時呂蒙爲廬陵太守還屯潯陽孫權令呂蒙討之蒙至誅其首惡餘皆釋放爲民

吳嘉禾四年乙卯

廬陵李桓路合會稽東冶賊隨春南海賊羅厲等並起孫權詔呂岱督劉纂唐咨等分

吉安新記印刷所代印

部討擊春卽時首降岱拜春偏將軍使領其衆桓及厲皆見斬獲傳首詣郡

按盧府志於孫吳事俱以蜀漢紀年此沿朱子綱目而失之者也蓋方志就政教號令所出者書之爲正彼蜀與吳東西判然吉安三國時地屬吳從孫吳紀爲宜後揚吳南唐倣此

六年丁巳

廬陵民應鄱陽吳遽等爲寇諸郡皆震陸遜討破之境乃靖

永安七年甲申

廬陵民張節等爲亂衆萬餘人

晉永嘉五年辛未

杜弢陷長沙遣杜宏出海昏豫章內史周訪步上柴桑偷渡與戰斬首數百宏退保廬陵嬰城自守訪圍之急宏大擲寶物於城外軍人競拾之宏因陣亂突圍走時荆州刺史陶侃悉力攻弢弢敗走道死廬陵平

永興元年甲子

石陽地震水湧山崩

大興元年戊寅

冬十二月廬廬豫章地震水湧山崩

大元八年癸未

三月大水平地五丈

十八年癸巳

夏六月廬陵大水深五丈

義興六年庚戌

盧循徐道覆入江西寇南康等郡諸守相皆委城走廬陵相繼淪陷嗣劉裕部分諸將

進擊大破之循及道覆南走

八年壬子

吉安新記印刷所代印

正月至四月地震

泰始元年乙巳

長史鄧琬奉晋安王子勛僭位安成太守劉襲奉順琬遣廖琰率數千人並發廬陵白丁攻襲襲棄城走琰鹵掠而退襲復出據郡既而齊王世子賾與沈用之據贛邪起義遣軍戍西昌與襲相應始興士人劉嗣祖起義遣衆與齊王世子合琬遣韋希眞討之頓兵廬陵不敢進

齊建元元年己未

夏長溪水衝激山麓崩

二年庚申

石陽縣山麓出古木千餘章皆十圍上有古文不可識江淹以問王儉儉曰江東不諳隸書此必秦漢時樹也

永明三年乙丑

交州刺史李叔獻既受命而斷割外國貢獻大司農劉楷發廬陵兵討之

永元三年辛巳

蕭穎孚以廬陵修靈祐修景智推戴起兵屯西昌藥山湖進襲廬陵郡據之內史謝纂奔豫章

大同八年壬戌

安成人劉敬宮挾妖道聚黨攻郡內史蕭悅棄城走賊轉寇南康廬陵屠破縣邑有衆數萬人

大寶元年庚午

高州刺史李遷仙據大皋遣主帥杜平虜率千人入贛石魚梁陳霸先命周文育將兵屯西昌擊走之遷仙奔寧都

按大皋在今縣南二十里境

太平二年丁巳

三月周文育前軍丁法洪俘傳泰於蹠江

按蹠口地屬邑之北鄙

陳天嘉二年辛巳

周迪據臨川反修行師應之率兵攻廬陵師甚銳太守陸子隆設伏擊之行師敗乞降

隋開皇九年己酉

王世積諭降廬陵安成二郡改廬陵爲吉州廢安成郡爲縣大業中又改吉州爲廬陵郡

大業十二年丙子

林士宏初爲操師乞大將軍師乞死統其衆十餘萬自稱皇帝國號楚建元太平取九江臨江宜春等郡據廬陵豪傑爭殺隋守令以郡縣應之

唐顯慶元年丙辰

秋七月吉州火焚倉庫甲仗及民居二百餘家

長慶四年甲辰
十一月大水
乾符五年戊戌
黃巢軍破虔饒信等州進陷吉州
景福元年壬子
馬殷署吉州
天復元年辛酉
鍾傳陷吉州以彭玕爲吉州刺史玕廬陵赤石洞人健將也傳倚以爲重後傳死玕結
馬殷以自固
天祐六年己巳
楊吳遣招討使周本攻危全諷擒之乘勝克袁州進攻吉州彭玕率衆數千奔楚是時
方鎮亂久有力者各保境安民吉州或附楚或屬淮南屬南唐始終兵事者數十年至

吉安新記印刷所代印

開寶八年地始入宋江城始安堵無恙

南唐李後主時

邑歐陽氏子忽化爲女嫁人生子

宋淳化元年庚寅

六月大雨江漲丈三尺漂壞民田廬舍

大中祥符八年戊申

夏六月州水泛濫害民田

景祐三年丙子

夏六月江水漲潰城溺死者多詔恤其家

元豐六年癸亥

秋生芝草三十本二本生於州治獄門東又生於郡齋又生於西峯之秀野亭最異者

黃芝異本同穎時郡守魏綸卽秀野亭改爲三秀亭黃庭堅有記

南宋建炎三年己酉

金人陷吉州太守楊淵棄城遁鄉人胡銓領民兵入城固守張牓責楊淵棄城之罪事定新太守來疑銓有他志不敢入城銓笑曰吾保鄉井耳豈有他哉即遣散民兵徒步歸薌城

紹興三年癸丑

吉州饑令宣諭使賑之

七年丁巳

虔吉盜叛服不常詔李綱爲安撫制置大使幷責諸縣各募兵訓練以禦寇

十一年辛酉

李貴諭降盜渠周十隆吉州平

隆興元年癸未

五月大水圮民居壞田墟

吉安新記印刷所代印

按綱目隆興止二年省志引豫章書作九年蓋誤元爲九

淳熙三年丙申

春三月大雨害麥

七年庚子

大旱

九年壬寅

夏旱五月不雨至秋九月

十年癸卯

秋八月吉信二州水

十一年甲辰

自四月不雨至於八月吉贛建昌旱吉尤甚是冬又不雨至次年二月

紹熙四年癸丑

水漂沒民廬

嘉定二年己巳

郴州黑風洞賊羅世傳李元礪陳廷佐等犯永新龍泉江西皆震吉州盜乘釁而起詔以江西帥王居安領郡事剿之

秋九月吉州火燬五百餘家

三年庚午

羅世傳縛李元礪以降王居安命磔於吉之南門元礪既誅世傳負功驕蹇爲賊黨所逼自經死峒寇靖餘賊次第平

紹定二年己丑

冬十一月南安峒賊趙萬九掠大鵬坑村人蕭必顯充里正方練鄉勇賊至偕其弟必達率所練鄉兵與賊戰於隘口其子扂年十三亦鼓譟以進必顯詗視萬九發毒箭殲之詰旦賊股大集必顯等再戰達午不休斬首甚多必達力竭陣死必顯猶率所部追

擊賊乃退

按必顯宣化大鵬坑人其地距泰和不遠府志竟作泰和人蓋誤

咸熙六年庚午

吉贛南安三郡數被寇出歿無時砦卒莫能相援於是即要害立四砦每砦屯兵百人聯絡應援擇三郡將官領之

德祐元年乙亥

元兵逼臨安詔天下勤王宋臣文天祥捧詔大慟使方興召吉州兵諸豪傑皆響應有衆萬人率入衛

二年丙子

七月元兵至吉州知州周天驥納款列營南塔寺州人張雲聚衆起義焚南塔寺鐘樓城中見火悉出雲敗死衆潰

綱目於德祐元年書云元將宋都䚟李恒等陷江西州軍分註云宋都䚟李恒等長

驅所至莫敢當其鋒隆興轉運判官劉槃以城降不數月取江西十一城案元史本紀云至元十二年十一月元始得隆興十三年三月乙酉贛吉袁南安內附考德祐二年即至元十三年元於十二年十一月得隆興是爲德祐元年綱目分註云不數月取十一城特總舉以見其用兵神速非以得吉贛諸州爲德祐之軍事也周天驥降元見元史趙[illegible]偉及李恒傳

景炎二年丁丑

二月元墮吉安城五月文天祥復會昌縣六月遣副使黎貢達復泰和旋敗元兵於雩都招諭副使鄒㵯復永豐吉水七月趙時賞等分道復吉贛諸縣進圍贛州其時吉安義士雲集如龍泉宣教郎孫桌泰和漕舉蕭明哲永新彭振龍泰和胡可山兄弟漕貢蕭子安廬陵劉洙輩皆招集鄉勇或從徵或扼守與天祥爲援故乘勝復吉安

八月李恒自將攻天祥於興國天祥遣兵戰鍾步不利鄒㵯兵數萬聚永豐天祥引兵就之會㵯兵先潰恒追天祥至東固方石嶺及之鞏信以短兵接戰坐巨石上餘卒侍

左右箭羽集屹不動身死不仆易相亦死嶺下天祥至空坑兵盡潰趙時賞坐肩輿後元軍問爲誰時賞曰我姓文衆以爲天祥擒之由是天祥得與杜滸鄒渢乘騎逸去

元至元四年丁卯

三月吉安境雨毛如綿

按舊志誤作元統元統無四年當是至元之誤特正之

二十五年戊子

龍泉大井山寇起擾郡境吉州路總管張爇收捕民賴以安時吉贛盜紛起遷元帥府以鎮之又置贛吉撫建戍兵移江西行省於吉州以便捕盜凡罹亂者悉免田租

二十七年庚寅

秋七月大水

三十年癸巳

湖南羣寇出沒昭賀二州及廬陵境民常被害湖廣行樞密副使鄭制宜率師狥二州

道經廬陵獲首賊及其黨皆殺之
元貞元年乙未
夏六月大水
二年丙申
吉贛南安等處蠻寇竊發掠吉州路元明善從江西左丞董士選討之得賊所書贛吉民丁十萬於籍火之吉安平
延祐二年乙卯
寧都人蔡五九糾衆作亂蹂躪贛州由永豐入寇吉安詔張驢征討五九衆潰伏誅餘黨悉平
泰定元年甲子
夏五月吉安饑
至順二年辛未

吉安大饑

元統二年乙亥

秋九月吉安路水

至正四年甲申

吉安大水

十一年辛卯

吉水安福等縣羣盜縱橫陷吉安路達嚕噶齊寶童力戰復城

十二年壬辰

正月星隕於城東北其光如火其聲如雷是年徐壽輝稱帝國號天完

閏三月徐壽輝遣陳普文進陷吉安裴模里人羅文輝閭閻失守率敢死士從北門直擣賊巢賊潛入東門邀擊文輝與其子迎敵巷戰創甚猶手持二髑髏大呼曰殺賊殺賊俄而血濺地死其子見父死益力戰賊懼退追至樟山餘寇半殲

按文輝字明遠通鑑與舊志作明遠豈以其字行者耶

時草寇充斥監郡納速兒丁超廬陵周冕及松江府同知劉福領兵次龍湖寇至殊死戰冕與福並遇害

塘東義士羅繩祖率其長子樂次子毅結寨塘東村以備寇盜里中豪傑響應賊黨偵悉懼不敢闖境時廬陵東西北三邊皆敵壘惟塘東一隅扼其吭署縣寶童聞其軍聲大振以兵屬之賊進闞吉水由新淦西出三珈山繩祖獨當其堅乘高瞰下櫑木炮石交發寇大敗十一月戊寅寇復至戰凡數十合伍卒多陷沒繩祖父子三人躍馬奮呼賊衆披靡然賊頗識繩祖父子面目誓且甘心詰朝再挑戰出其不意三義士遂死於馬鞍山

白鷺洲山長楊本巖永和人讀書具韜略屢率民團保衛鄉里擢本縣主簿時寇掠東固本巖擊之殪其魁乘勝突入叢箐中陷伏遇害從死諸士鄒勝及其子節

十三年癸巳

吉安新記印刷所代印

永豐賊入廬陵境萬戶府馬致遠率兵擊之擒賊帥周昇斬以徇焚其巢拔出良民陷賊者慰遣之

十四年甲午

四月末霪雨洪水驟至平地深數丈漂沒民田秋疫痢尤甚歲太饑

十五年乙未

袁州寇李明由安福進犯吉安萬戶府馬致遠率兵擊之賊退走

十六年丙申

袁州盜來掠吉安屯坊廓鄉之藤橋廬陵義士陳瓘率衆屯城北之靑湖時吉安路總管袁克中益募丁壯集義兵如廬陵某某等自十一年仗義以禦鄉里寇不能大肆其虐六月袁州賊遂退

秋九月姚大膽合永新賊周安攻破玉城山先是監郡納速兒丁檄遠近徵義旅井岡巡檢馬合穆攝縣事戍郭西永福鄉界以輿論推鄉人劉權爲義士權築壘玉城聚衆

編伍爲抗拒計合穆以爲無西顧憂與約曰我將還郡固根本爾爲我戍我爲爾援脫有桴警不爾辜也賊偵而銜之火淡江屠安塘連二軍來攻合穆赴援距玉城二十里許寇銜之不能進權與其子朋遠百計死守山腰飲泉忽爲寇踞衆苦渴天雨爭以衣漬之已而十日不雨飲牛溲未足殺牛羊飲其血十二月庚午衆請於權曰吾輩所以奉令固守是山者爲賢父子也盍亦甘言誘敵使退舍然後突圍出擊取勝則風聲鶴唳未可知也權韙其策偕子朋遠下山見渠魁如前計寇匆之聽脅其降權辭氣激烈折以大義寇怒以刃加權頸朋遠趨而前曰殺吾父寧殺吾大丈夫生寄死歸耳寇並殺之遂破玉城

十八年戊戌

正月吉安兵亂逐鎮撫吳林總管粱克中卒四月安福州寇至桐江五月紅巾寇自桐江攻吉安分宜袁雲飛導陳友諒沔陽兵至桐江兵校明某以都事之衆降紅巾賊亦附友諒錄事張元祚與攝監郡雅某以吉安城降參政全普庵撒里奔贛州參謀鄉貢

進士吉水蕭彝翁赴學宮前井死

二十一年辛丑

新安人孫卓字本立有爲人也紅巾賊彭國玉鄒普勝等刼掠郡邑曾率營兵與戰有功又與陳友諒力戰以捍城隍時太祖下江州卓遣使納款於明

按孫本立納款據明史紀事係至正二十一年秋續資治通鑑則載於二十二年正月內二說互異

二十二年壬寅

友諒黨熊天瑞攻吉安守將孫本立戰敗走永新鄉人簡舜卿募兵扼天瑞力戰死城遂陷友諒使饒鼎臣守吉安鼎臣剽悍有膽略人呼爲饒大膽所至荼害萬端

冬十二月明大都督朱文正遣兵攻饒鼎臣走之以朱叔華知府事

二十三年癸卯

陳友諒攻圍南昌分遣其將攻吉安友諒叛將李明道時從明兵守吉安饒鼎臣至復

叛附鼎臣守將曾萬中死之吉安陷叅政劉齊知府朱叔華被執死南昌城下

二十四年甲辰

饒鼎臣據吉安明太祖命常遇春攻贛州兵次吉安遣人招鼎臣出城與語鼎臣怖不敢往遣其幼子出見遇春坐而飲之酒曰歸語爾父可善自爲計鼎臣夜棄城走安福遇春遂復吉安

二十六年丙午

贛寇洞獠數萬猝至廬陵境屠戮羅士立率其兄弟等團練鄉勇立栅於其家之皇崖山保障一方境內乃安

明洪武元年戊申

大饑

建文四年壬午

紅巾賊作亂焚刧擄掠時都督韓觀遣行人許子謨諭廬陵民逃竄山林者使復業

吉安新記印刷所代印

永樂二年甲申

郡屬大水歲饑人相食

七年己丑

冬流寇自贛直抵萬安大肆擄掠索民以重金贖官屬率民避賊遁吉安府城廬陵震

正統二年丁巳

四月郡屬大水

十四年己巳

廬陵泰和賊勢猖獗巡按韓雍遣兵捕誅時汀州寇突入萬安流毒四境懼雍誅乃逃去

成化二十一年乙巳

五月大水高十餘丈漂沒田廬溺死者無算

正德二年丁卯

秋七月吉安雨血著衣皆赤

十四年己卯

夏六月寧王宸濠反南贛都御史王守仁抵吉安集兵糧傳檄諸府縣並集鄉紳鄒守益等參軍事知府伍文定等主先復省垣邀擊援兵守仁韙其議率文定合諸府兵進討宸濠成擒是役也吉安士大夫及義勇之民急功助順爲多

七月吉安城夜雨血白衣沾之皆赤

嘉靖六年丁亥

春大旱

十二年癸巳

秋七月縣城西北星隕如雨

十四年乙未

秋七月吉安水

吉安新記印刷所代印

二十一年壬寅

大旱

二十二年癸卯

吉安大饑明年旱又饑

二十四年乙巳

春饑復疫

隆慶三年己巳

大饑

萬曆十二年甲申

大水傷禾稼

十七年己丑

大飢

二十二年甲午

大飢

二十四年丙申

大水漂沒廬舍歲大飢

二十八年庚子

秋地震

四十四年丙辰

吉安大水民飢

天啓元年辛酉

始興安遠土寇為合峒寇犯吉安南贛巡撫調兵會同參將金之俊董大成等討平之

三年癸亥

旱飢

吉安新記印刷所代印

四年甲子

府屬旱饑

崇禎五年壬申

湖廣流寇刧吉安所過民居皆焚縣人王璧奉巡撫解學龍檄督兵分勦璧弟璽年二十六請從兄破賊賊駐富田璽分道追勦以單騎突營遇伏不能戰賊砍其馬足墮地死

十年丁丑

旱

十三年庚辰

流寇游兵過境知縣關捷先閉城防禦游兵數千人城外逼索捷先登陴諭之曰汝所欲者財耳我治廬陵素不貪黷我民又瘠豈能受汝騷擾姑犒以千金汝速去否則啓門與汝等決戰不喋汝血染白鷺水不休游兵懼領金遁

十五年壬辰

鄉僕結佃戶乘機叛主自稱小約其黨羽盛者號大約焚掠刼殺無忌憚肇衅於永福上鄉宣化延福及各境亦蔓延焉蓋以永福爲甚安塘蕭士驥因鄉奴跋扈倡義請勦大兵不勝士驥被執一門並死於難同里吳璉亦以請勦悍僕爲賊拷掠與子同刃其後叛僕幷黨於寇隨湖廣賊剽流四方勢益難制石塘葉倘華三舍劉世普至於血詞懇鎭傾家濟餉舉重兵以追討小醜始馴

十六年癸未

大旱府堂燬

冬十一月張獻忠自長沙入袁州遣裨將突入吉安兵備岳虞巒方閱兵於郊聞報潰走吉安陷縣人劉風何允新允明等共請援師克復不勝被執死賊遂設僞官改吉安爲親安府廬陵爲順民縣副江督呂大器督兵進勦復吉安諸郡龍泉僞令吳侯廬陵人百戶何泰執以斬之吉安復

吉安新記印刷所代印

按舊志省志皆云改吉安爲親安府獨府志作爲親民今從省志及舊志

邑人朱法聞獻忠將窺吉安起義招募壯丁日夜訓練請於郡守以保城自效因勞遘疾寇至病不能戰憂憤塡胸鬱鬱卒

按法字拜子楓林人崇貞丙子鄉舉

十七年甲申

二月上丁日府學明倫堂樑忽墜同日縣學明倫堂雷劈棟柱三月李闖陷京師

清順治二年乙卯

清英王平江西明撫標將白之裔鄧武泰駐吉安以扼峽江金聲桓爲明總兵舊隸左營既降請以收江西自効令首營劉一鵬禦明兵於峽江旋破峽江兵武泰戰死遂收吉安

七月十六日有明故戚檀姓者率所部走南粵道出龍泉沿途刼掠鄉民將抵縣城城東羅學富邀同里百餘人往拒戰於三都石鍋中鄉民陣亡者頗衆被擒者十八人邑

紳郭維經詣營保釋之

九月清兵至萬安明閣部楊廷麟劉同昇與贛督李永茂命標將徐必達率廣東將陳課童以振吳玉簡等兵五千人禦於龍泉江必達親督陣士殊死戰殺千人清兵却走遂復吉安並恢各縣時吉安佃客豪奴作亂號鏟平王刼殺主人倡始於廬陵安福而永新禍尤烈江督萬元吉檄曹志建討平之

三年丙戌

清兵復取吉安初雲南巡按陳藎請發滇谿召募得驍勇五六千人聞南都陷趦趄黔楚間何騰蛟留與共守長沙藎東去過吉安留之守吉藎遣其驍將胡一青屯安福劉艮佐以兵數萬圍吉安一青率輕騎馳躪老營斬殺披靡一日清兵晨壓吳玉簡營吳卒方食兵奔食而從之拔柵竟進營大亂徐必達以連營呼兵速救不及復登舟發砲不中奮號赴江自沉陳課童以振諸營見之皆鼓譟赴戰傍午滇兵歸自安福由神岡山迂路出繞其後偃旗截殺衆駭顧曰滇兵至矣遂奔潰清軍居南昌者聞之大震初

吉安新記印刷所代印

藎守吉安策列重兵隔江爲營扼入贛孔道而胡長蔭擁萬兵城守爲犄角長蔭固勳冑耽逸又强鬻富人官爵藉給軍萬薄責之憤憤去城守單弱諸滇粤兵又恃勝而驕俄清兵旁克永豐入高進庫復乘之萬元吉等力不支城遂破元吉等退保贛州

四年丁亥

大饑斗米值金六錢餓死者衆尋大水

五年戊子

春正月金聲桓王得仁據南昌及吉安各府復歸於明首迎揭重熙傅鼎參軍事

六年己丑

清軍收復南昌兵次吉安守者劉一鵬奔撫州依揭重熙兵馬絡繹供應不給五月山寇復起吳化鵬諸名士皆被害張和尙掠永寧官兵四路攻擊

八年辛卯

大水

泰和劉文煌初從郭氏維經起兵奔走行間嗣明將李定國以偏師由湖廣出江西文煌乘勢復永新安福將抵吉安以定國師還吉安守羅某合各府兵圍之糧盡被俘死於南昌會城

九年壬辰

大旱

十四年丁酉

旱

康熙六年丁未

大水秋有白氣出東方直射中天三夜乃滅

七年戊申

三月十三日雨雹十六日又雹以掌盛之化爲汚泥東源張氏田忽陷深丈餘

十三年甲寅

吉安新記印刷所代印

三藩先後叛廣東福建流寓屯黨乘湖南寇糾衆數萬逼近岩谷出入肆掠廬陵三關與泰和連界內有羅藍雷三姓負竹籮者即姓羅負藍者即姓藍負竹篙者即姓雷皆善使鳥鎗煽惑爲亂副將色勒守備李明勦平之

十四年

滇藩將高得捷攻吉安韓大任陳堯咨皆率選鋒至城遂陷典史陳復新被執大任予以職不受羈於民房以兵守邏復新自縊死

冬十月賊據純化三關洞守備李明駐紮值夏市選鋭卒數百乘夜襲擊賊驚潰明追至大溪垇斬馘無算賊益胆落餘黨散明乃使鄉人築土城以防反攻旋追剿瀘源攏擔之賊諸寨以次削平

副將色勒使前鋒偵賊於新安至牛尾岡猝遇賊數千敗北奔入水南高氏土城賊挈衆圍數重勒聞之馳騎至即與賊戰賊大敗東遁窮追至攏擔砦焚其營賊奔突四出勒且走且撫令曰願降服者釋械坐否則斬首無赦

十五年丙辰

高得捷據吉安清將哈爾噶齊圍之得捷所將卒甚銳間以百騎出戰清師輒挫是年得捷死

十六年丁巳

冬十月韓大任據吉安清簡親王率總督董衛國等統兵十萬環城而軍列營於眞君天華神岡螺子各山進逼大覺寺大任嬰城固守衆屢欲出戰大任不許總兵魯某固請大任許以百人出試奔大覺寺往輒勝城中見先往者勝不俟令鼓譟而出直奔螺子山清軍倉皇棄營走衆入壘掠飲食而返將及城忽驚曰追兵至突踉蹌而奔踐踏及墜濠死者無算後遂不敢復出三桂聞其急遣馬寶陶繼志王緒以九千人援之先遣諜從水關入報寶等進師阻水不能達城下城中寂然無一砲相應疑不敢前師退安福大任深濠堅壁相拒歲餘時吉安知府龔其裕駐兵螺子山以計破之大任乃引兵夜遁吉安平

吉安新記印刷所代印

三十五年丙子

雨雹大如碗內有魚蝦草藻其年麥大收

四十三年甲申

春夏荒穀價大昂

四十四年乙酉

夏全縣水巡撫郎廷極勘報蠲賑

五十二年癸巳

大水民饑

五十九年庚子

大有秋

六十一年壬寅

秋境內見兩日相盪

乾隆元年丙辰

二月青原一小山三鳴羊牯井湧出源泉忽大水漫岸結成二字四圍有龍鳳之異三日夜乃解是年隴內禾麥兩岐皆大有年

按青原小山係坊廓鄉大塘楓山下之小山旁有羊牯井非贛江東之青原山也

三年戊午

夏秋大旱螟

八年癸亥

大祲穀價騰民掘白土謂之仙粉和菜充饑

十七年壬申

邑民人一產三男十二月冰凍作花有松柏芰荷牡丹及龍鳳龜鶴之狀

十九年甲戌

大水壞民廬舍

吉安新記印刷所代印

二十九年甲申

大水

三十年乙酉

歲祲穀價騰湧

三十二年丁亥

大雨雹傾屋拆樹

三十五年庚寅

秋大稔

三十八年癸巳

大稔明年復大稔穀價平

四十五年庚子

大稔

五十一年午丙

大旱

五十四年酉己

大旱

嘉慶元年辰丙

春二月縣西北雨雹破屋拆樹鳥雀多斃

五年申庚

正月大凍水盡冰九月大雨雪

六年酉辛

地震

七年戌壬

歲祲穀價昂

吉安新記印刷所代印

十年乙丑

冬十月地震

十六年辛未

龍泉會匪李魁升盧三等傳徒惑衆時出剽掠縣界居民常爲所害郡守欲勦之知縣張敦仁持不可肩輿至賊穴諭以禍福縛其首餘匪悉散

十七年壬申

大水

十八年癸酉

大水

十九年甲戌

大饑民掘白土爲食

二十五年庚辰

夏秋大旱

道光三年癸未

雪深數尺歲大稔

六年丙戌

夏大旱大饑禾江大水

十年戊子

禾廬兩江大水民舍多傾

十四年甲午

夏大水大饑穀價騰

十五年乙未

春夏旱贛江大水

十八年戊戌

吉安新記印刷所代印

大稔

十九年己亥

稔穀價平

二十一年辛丑

大水

二十六年丙午

正月大水

二十八年戊申

夏贛江大水

二十九年己酉

冬季漕米折色價昂文童應縣試者人皆嫉之次年正月愚民藉勢滋事鳴鑼集衆拆舍宇爨器皿凡與考之家無一免焉白日橫行蔓延全縣嗣官軍至懲首禍釋脅從亂

始息

咸豐三年癸丑

夏旱六月霪雨大水田穀苗秧

秋七月湖南妖人鄒恩漋既陷泰和縣城旋以巡道周玉衡水南戰敗退還贛州吉安知府王本梧赴剿失利遂與其黨劉得添等進攻府城薄南門焚古東山𠙶儲漕米幷分竄各門本梧見勢不支乘其不意出小南門襲擊賊大敗越日復至城中惶懼本梧復出城擊賊再敗之於南塔下將乘勝逐之守備岳殿卿請退守府城本梧不從中伏死同死者照磨謝時霖

八月夏廷樾率兵援江西命營員羅澤南等率勇自袁州抵安福賊聞望風逃走吉安之賊亦退屯泰和劉得添旋爲純化羅子璘胡榮彬等擒獲斬以徇餘黨潰逸至是賊頗歛迹

四年甲寅

吉安新記印刷所代印

大饑穀價湧漲

五年乙卯

夏秋白氣自西竟東數月乃滅牝豬生子如人形

冬十一月太平天國軍合廣東寇圍吉安城初廣西洪秀全石達開等自咸豐元年稱兵花縣明年攻湖南長沙不克隨陷湖北入九江下安慶建都江南號太平天國分兵出畧各省至是由興國州入瑞州掠袁至吉先是廣東寇數萬由茶陵陷永新安福入吉安界按察使周玉衡跟勦寇出袁州玉衡返屯吉安命知府陳宗元參將柏英知縣楊曉昀通判王保庸等分門固守而令純化舉人羅子璘率保衛軍鄉勇入城助守新募祥和軍隸焉十八日太平軍大至月杪紅巾賊數萬自永新泰和來與石達開合吉安遂被圍

十二月城圍急援不至羅子璘請於周玉衡曰與其坐以待困不如死鬪十四日昧爽率勇士三百餘人出東門突圍擣其巢殲殺甚夥太平軍悉衆攻之子璘奪圍出忽疾

發墮馬遂遇害首被割懸竿

六年丙辰

春正月石達開軍穿地道於城西二十五黎明轟塌城垣數丈衆蜂擁入按察周玉衡巷戰死知府陳宗元不屈死知縣楊曉昀呑腦子不死乃自縱火與其子文藻擒藻妾慶姬俱焚死通判王保庸參將柏英龍南知縣黃周德化知縣林蔚江寧布政司理問周恩慶候選知縣萬慶章教授余步蟾教諭李傳心經歷余焯照磨胡幹縣丞呂承恩典史章德懋及都司馬福壽等俱殉城從死以萬計合城員弁無一幸免者

秋夏廷樾奉檄規復吉安廷樾師有鳳山之副將劉培之游擊精銳無敵太平軍目傳忠信迎拒大失利廷樾既勝軍屯固江遂追擊於府城西連戰數旬斬獲甚衆先是楚軍之將至也侍郎曾國藩巡府文俊檄邑人匡汝諧率所集鄉勇協助時汝諧已會同泰和知縣吳曾泰敗敵於雲亭鄉故亦與有勞焉

冬十月清軍合攻吉安時知府黃冕由湖本籍募勇數千合同知曾國荃副將周鳳山

吉安新記印刷所代印

率師由袁州復安福城進攻吉安連戰皆捷一時郡中皆輸餉助軍諸軍所以能直搗吉安者以泰和扼於上安福永新皆爲我守故無後顧憂又別以兩軍攻臨江袁州牽制之

七年丁巳

正月清將趙煥聯率軍自永新至吉安攻城太平軍韋俊又自瑞袁來援三月城中太平軍分遣其黨趨間道赴龍泉牽制清軍

夏五月太平軍由撫建來援者號十萬胡壽階何勝權率衆直逼水東凡數十壁清統領王鑫自下游移軍擊之距五里止舍何勝權鼓譟乘軍鑫令曰動者斬爲左右伏出輕兵伺其後餘卒築壘如常時勝權軍疑不敢逼而輕兵已拊其背左右伏起夾擊斬勝權殲其衆於河乘勝進攻都司易普照挾旗超登麾軍入破壁進擊斬馘四千餘壽階走

六月清軍雲集合圍并築長栅以困之十八日出擊太平軍戰敗入城忽周鳳山營火

起軍士自相踐踏諸營皆潰退屯安福太平軍又陷吉水阜田墟殺戮男婦五千餘人四出刼掠攻撲廬陵五福團時泰和勇扼其東南廬陵各團禦於西北相持者四閱月清軍漸次進攻各屬縣益整齊團防爲聲援

冬十月清軍普承堯取道眞君山張運蘭取道螺子山攻破太平軍克將軍嶺周家嶺陂頭明日遮克敦布曾國荃趙煥聯劉培元諸軍進擊曲瀨瓦窰連破其壁乘勝克郡城太平軍遁八都墟運蘭追至西坑而還

縣人謝亮采捐資募勇五百人投清總兵遮克敦布營擊太平軍於吉水敗之王燦南憤太平軍掠其村奔隨吉字營進討陷陣亡劉飛鸞督鄉勇隨清軍擊太平軍於黃泥嶺大有斬獲二十七日隣村告警飛鸞赴援至顱鷲橋聞太平軍分股入其村率衆馳回奮擊力竭投水被刺死

十一月太平軍敗於永豐爲純化孫光元等所逐又進犯邑境踞富田以思湜光元復率鄉團由大源坑來攻追至衙背太平軍繞天馬山後襲擊力戰而沒勇丁五十餘人

吉安新記印刷所代印

皆陣亡

鄉人避兵男婦攜幼扶老皆逃入文山祠兵踵至信國嫡裔襲奉祀生華章罵曰此忠節之所也亂黨胡爲來罵不絕口剖腹死

八年戊午

城中太平軍不時出撲或夜襲屢欲攻退眞君山清軍曾國荃令於城西南掘地道轟蹋城垣復選奮勇肉搏潛登城中兵驚覺殊死鬭仍嬰城堅守

清軍各於營前合築長圍又掘長濠起迴龍橋訖螺子山河岸分段嚴守太平軍猶拚死衝突遮克敦布以計襲之於重午日率師僞競渡突上白鷺洲破其土城

署縣姚體備請於大吏整頓全邑團練於是偕在籍官紳議立團規分設五軍曰忠仁泝贛河而上則以儒林坊廓純化諸鄉境爲東路軍曰忠禮泝神岡河而上則以永福宣化二鄉境爲南路軍曰忠義則以儒林西界安平儒行各鄉境爲西路軍曰忠智則以坊廓儒行北界延福鄉境爲北路軍又募官勇曰忠清軍以統之中路近城坊廓儒

林各團屬焉均令隨同官軍協助防剿領以幹紳又於下流紮浮橋東岸置大礮太平軍[illegible]夜諜并絕時形震惶

八月清將軍屯各寨者鼓衆一呼無敢先後西岸軍越濠馳登東岸軍偕上流水師合勢攻擊太平．軍目李阿鳳等赴東岸營乞免死餘徒斬於河干時遮克敦布防水東又以礮艇堵截江面斷其接濟太平軍勢益衰十五夜水師先縱火入城盡殲餘黨釋放難民無數其另一股於是夜乘大筏衝浮橋遁去城乃復

十一年辛酉

洪秀全大股由閩界經撫建入吉安東岸旋徑西渡時清副將李金揚奉檄防吉安營西岸未戰退逃知府曾詠知縣丁日昌所募鄉勇力又不支城尋陷日昌見勢蹙遣死士置炬於火藥局李壽成甫入城火忽轟屋瓦皆飛疑有伏棄城走吉安平

同治元年壬戌

春大風拔木

吉安新記印刷所代印

五年丙寅

三月大水

八年己巳

五月大水

九年庚午

夏秋大旱自五月不雨至十月井泉涸穀價騰大饑

十年辛未

正月水冰歲稔秋風雨損晚稻

十二年癸酉

永福上鄉野馬食人

十二月純化山中天雨豆色黑而形小土人掃取有得一二石者食之味如杏仁

十三年甲戌

縣東北羣狼噬人明年亦如之

光緒二年丙子

四月大雨青原山蛟出待月橋被水衝五月大水

三年丁丑

鄉民遍驚妖風髮辮無故被剪雞入塒晨出尾盡落

四年戊寅

九月一日永豐茅田坑蛟出沿溪百里橋梁盡斷田疇衝塌者亦不鮮

九年癸未

大旱河東鄉民就南橋庵設萬緣醮壇禱雨不日庵之右橋下忽湧泉一竅深尺許禮佛畢泉乃止

十七年辛卯

三月三日雹大如拳樹葉盡打脫大木拔

吉安新記印刷所代印

十九年癸巳

夏大旱穀價騰

二十二年丙申

四月五日狂風發是午淩波渡船翻沉渡者斃五六十人

二十五年己亥

夏四月大水南關店戶訛言水賊闖至舖戶屋上張燈傳呼拿賊是年飢竹生米

二十六年庚子

九月本城流痞夥鬧天主教西南兩關教室同時搗燬加以愚民乘機所在尋仇報復演成仇教重案交涉年餘邑紳張文瀾被誣以指使論罪縣有捕署基地以賠款數鉅如數作價讓售教堂

三十年甲辰

十月倉穀蟲傳所謂谷飛爲蠱也鄉民多以是月望日焚香賀歲祈除蟲害

五月龍集寺前土嶺蛟出壞民田數百畝

三十二年丙午

吉安清賦局督辦何師呂委趙彝鼎徵舊欠丁漕至儒行鄉四十八都違法敲索總頭賴森都差羅興益倚勢猖獗馬鞍山歐陽亨衢鳴鑼傳知各鄉都約赴府訴疾苦請撤委三日夜幾遍全縣五月十四五六連日有衆來城知府胡祖謙率請統領袁坦派兵堵擊斃四人傷數十人事聞江西撫憲委贛南道江毓昌查辦江至訊得實情定彝鼎戍邊森興二役斬決餘役分別永遠或數年監禁亨衢處死諸被牽累者予昭雪且爲革除差害手撰義圖章程十七條（章程見田賦義圖緣起附註）嚴令知縣彭錫藩會同邑紳舉辦義圖自是義圖成立官民俱利丁漕歲收視以前最旺年反溢

三十四年戊申

桃李冬實

宣統元年己酉

吉安新記印刷所代印

縣屬西北鄉村狼噬人歷年不止

三年辛亥

九月十五日本縣光復　先是本年八月十八日民黨起義武昌謀覆清室南昌聞風響應邑人以省垣既揭義旗本縣豈能視同化外乃商同駐軍統領袁坦宣布光復剪辮易冠氣象聿新比以吉安府知府李士儁掛冠而去遂推知縣易順豫署府篆兼廬陵縣知事

中華民國元年壬子

元月一日孫中山先生在南京就臨時大總統職命全國改用陽歷本縣奉行之

本縣丁漕奉令自宣統三年辛亥八月至十一月准以八成徵收並於八成內截十分之二爲地方公用二年庚戌以前舊欠一律豁免

內務部通飭全國廢府自是本縣直隸於省

二年癸丑

春霪雨彌月秧苗壞谷價昂

縣自治會爲破除迷信起見將城廂內外廟宇中原塑神像概行搗毀同時改西關外府城隍廟爲宋丞相文信國公祠

三年甲寅

夏內務部飭自本年七月一日改廬陵爲吉安縣

四年乙卯

螺子山眞君山天華山及五公祠被江西官產清理委員標賣比經邑人力爭稟奉廬陵道尹公署江西官產清理處批准保存有案

夏大水以坊廓儒林永福純化四鄉受災最重蠲賑見救濟志

英九江領事蒞縣會勘烟苗全境絕跡詳見衛生志內禁烟門

五年丙辰

邑人爭回白堡下街　先是白堡有上中下街之分下街隸屬宣化鄉三十三都而上

吉安新記印刷所代印

中街歸永新縣省府縣志及江西輿圖均明白紀載乃永新人以下街毗連中街混爭爲該縣地方經邑人訴由內務部兩次咨江西省長委勘結果仍歸本縣管轄

夏五六兩月大旱烈風澈夜

七年戊午

正月初三日地震入夏霪雨倉谷生秧秋亢燥瘟疫盛行

八年己未

本城各學校學生一律罷課抵制日貨以響應北京五四運動

九年庚申

縣公署自明倫堂雙忠書院遷歸舊縣衙門辦公　先是舊縣衙門於民國四年經江西官產清理處委員標賣當由邑人以賑濟水災餘款買爲縣業知事吳亮勳以自五年賃讓府署爲廬陵道尹公署後僦居明倫堂雙忠書院狹小不敷辦公乃勸邑紳周鵾捐資修繕舊縣衙門是年冬移駐之但訂明租約照賃租例納租以明業權

端節後大水七月富水盛漲秋間大疫流行

邑人以鄉間搶孀風盛有害婦女名節乃稟奉省署批准設保節會遇有搶孀情事由會函縣署拘案究辦

二月初十地震

五六兩月大旱邑人羅廷桂等用紀愼齋先生集中先天壇式求雨越二日甘霖傾盆降稻苗勃興

十一年壬戌

革命先進李烈鈞奉命北伐假道江西邑人歐陽豪劉峙等率師前驅至禾埠適陳炯明叛變乃班師討賊

贛督蔡成勳聽僉壬言委員蒞縣並赴八鄉勒追歷年舊欠丁漕邑人苦之

十二年癸亥

贛督蔡成勳以寓禁於徵爲詞公賣鴉片縣城亦設局公賣旋因旅外贛人反對停辦

吉安新記印刷所代印

十三年甲子

贛西鎮守使方本仁以積欠軍餉軍心搖動爲詞率部赴省討餉道出吉安與蔡軍馮旅遇激戰一晝夜馮旅敗退

孫大總統命譚延闓等率湘軍取道江西北伐譚部前總指揮宋鶴庚師次吉安與方軍鄧旅戰於吉水峽江間敗績循原道歸粵

十四年乙丑

豫匪嘯集黨羽與僑居汀江（吉水境）之豫人結合出沒於新墟等地擄搶無算

十五年丙寅

國民革命軍誓師北伐道經吉安與駐軍蔣鎮臣師戰大捷乘勝前進

十六年丁卯

南昌七三一事變後黨爭愈烈積匪叚月泉遂乘隙勾結暴民賴經邦曾炳春等假借紅軍旗幟盤踞東固四出擄搶

十七年戊辰

縣長鄒松率師進剿東固段匪中匪詐降計敗績

十八年己巳

縣靖衛大隊隊長羅炳輝叛降紅軍　先是縣長冷照昇將各鄉靖衛隊改編爲縣靖衛大隊以羅炳輝係雲南同鄉乃委爲大隊長嗣彭學游繼長吉安縣察羅有異志比時羅部駐値夏市乃檄調來城點驗發餉藉便撤換惜機事不密爲羅偵知遂裹脅部屬叛降紅軍

十九年庚午

十月四日縣城被紅軍攻陷歷四十五日始克復紳民殉難者衆　先是紅軍隔河而峙日謀進犯自長沙敗回後更以全力進攻比時駐軍新編第十三師以力不敵援兵未至遂於十月三日晚棄城潛退紳民逃避弗及殉難者計萬餘人事後民怨沸騰訴免師長鄧英職解送首都受軍法裁制縣長彭學游亦撤職監禁

吉安新記印刷所代印

國軍第十八師進攻東固中敵詭計敗績師長張輝瓚死之

二十年辛未

一月設東固特別行政區將純化鄉及儒林鄉之七十四都劃歸其管轄七月改爲平赤縣

江西黨政委員會吉安分會成立並以分會委員長兼吉安縣長是年秋奉令裁撤

二十一年壬申

十月奉南昌行營令封鎖匪區於縣城及各區公所組織食鹽火油公賣處按戶計口授鹽日食四錢給予購買票限半月憑票購買一次逾限者不准補購迨二十四年夏始呈准取消封鎖仍歸鹽商自由買賣

二十二年癸酉

八月設立縣清鄉善後委員會其組織設常委三人股長四人委員若干人均由邑人推充但一切公文用縣印以縣長名義行之迨二十四年六月奉令裁撤

二十三年甲戌

平赤縣奉令取消所轄地方各歸原建置未幾爲便利淸勦起見復劃歸藤田政治局管轄並將原純化鄉及儒林七十四都另設爲龍岡第二區

二十四年乙亥

龍岡第二區奉令取消仍歸吉安縣統治

三月四日克復東固自是全縣重見青天白日旗

二十五年丙子

縣政府以純化宣化延福三鄉及永福之上鄉原有丁漕册串因縣城失陷被燬無從稽考乃令縣義圖董事會派員下鄉用插標法實地淸查造册具報是年秋按册分設圖甲照章徵收田賦

二十六年丁丑

大水省委蒞縣查勘以第一區二區六區災情最重賑濟一項見救濟志內

吉安新記印刷所代印

【同治】泰和縣志

（清）宋瑛等修
（清）彭啟瑞等纂

清光緒四年（1878）周之鏞續修刻本

泰和縣志卷三十

雜記 祥異 寺觀 仙釋附 塋墓

祥異

晉太康八年丁未四月木連理生廬陵東昌

白下大記西昌東昌石陽遂興皆縣舊地故四縣事皆書按石陽爲今吉水廬陵二縣地東昌今永和遂興今萬安龍泉地惟西昌爲今泰和地東昌遂興嘗併入西昌數年書其事尚有說至石陽與廬陵同爲縣未置西昌先立石陽何得混書白下大記所言誤矣

大興元年戊寅冬十二月地震

興甯三年乙丑五月西昌僵栗復生

晉書西昌修明家有僵栗樹是日忽復起生識者謂孝武嗣統帝諱昌明西昌修明之祥實應焉是亦漢宣帝同象也

太元八年癸未三月大水

十八年癸巳六月大水

義熙八年壬子地震

晉書正月至四月南康廬陵地四震明年王師西討荊益

齊建元二年庚申夏石陽縣長溪出古木千章

齊書記石陽縣長溪水激山麓出古木千餘章皆十圍長者一丈短者八九尺上有古文不可識江淹以問王儉儉曰江東不諳隸書此必秦漢時樹也古為世變之象自下大記長溪出古木皆有題識惜儉淹輩未之知耳自建元至今千有餘年正德間千餘株之象文木之祥於此徵焉　按石陽爲今廬陵古水二縣地與西昌毫不相混此不應載辨詳沿革封爵

永明四年丙寅四月東昌縣得古鐘一

齊書比歲以來東昌縣山恒發異響有一巖褫落縣民方泰往視巖下得一古鐘

梁大寶二年辛未六月龍見

南史武帝發南康贛水舊有二十四灘灘多巨石底行以爲難帝之發水暴起數丈三百里間巨石皆没進軍頓西昌有龍見水濱高五丈五彩鮮曜軍人觀者數萬人帝又嘗獨坐胡床於閤下忽有神光滿閤廊廡之間並得相見趙知禮侍側怪而問帝帝笑而不答

隋開皇十一年辛亥地產嘉禾

此和氣所生也改安豐爲太和事見宋徐鍇白鶴觀碑記康熙志

唐永泰元年乙巳慶雲見於遂興

先時貶杜審言吉州司戶參軍謫顏眞卿吉州司馬康熙志此條應載萬安志因舊志已登姑仍之

元和七年壬辰五月暴水

十五年庚子冬十一月大水

宋淳化元年庚寅六月大水江水溢

祥符三年庚戌六月江水溢

皇祐三年辛卯冬甘露降吉州知州王固以聞

康熙志時甘露降於蕭君玉墓松子筠州推官迅建甘露亭於墓道府志作皇祐四年

建炎三年己酉城隍廟大塔災時金人渡江爲潰卒所焚

紹興三年庚戌饑

乾道九年癸巳夏六月縣署災

康熙志邑人承務郎陳龍藻與諸士民出力新之按公署內載乾道五年縣署災與此互異時知縣爲蒲堯仁

淳熙七年庚子大旱

九年壬寅夏五月大旱

嘉定五年壬申夏大水

元元貞元年乙未夏六月大水弛江湖泊之禁

二年丙申蝗

延祐五年戊午雷震智林寺塔

泰定元年甲子夏五月饑

至正十三年癸巳大旱

十四年甲午大饑人相食秋疫

明洪武三年庚戌芝之生縣署琴堂秋芝之生縣南陳奐家三莖白通志作陳煥章

白下大記芝之生縣廳梁柱上莖狀如慶雲絪縕五色見邑人王沂序序云洪武三年冬甘露降於京師之鍾山有旨令都人縱觀民鼓舞懽忭以爲天道順應禎祥萃至國之祚民之幸也於時吾泰和公宇亦產芝於梁郁郁青青紫莖並芳邑人聚觀咸咨嗟太息曰此守令得人之慶也朝廷以泰和當水陸衝要

特命御史劉侯膺縣令之選而陳君舉善貳令焉先時長民者之爲縣也俗易澆漓政尚鞭扑至邑里騷然又謗之曰民不向化豈爲民上之心哉及侯與貳令之來布宣德意與民吏更始賦有常經事有定式德刑並施佐理宣職仁言易鞭朴之聲德政敦渾龐之習均之爲令彼之政乖此之瑞應豈天之報施亦以善惡而然歟故張堪之秀麥黄霸之嘉禾所以形之歌咏久而不忘者其素行格於天而孚於人非由施一事行一善可倖而致也然則令貳之政其庶幾矣乎邑父老嘗謂吾邑屢以嘉禾譽錫嘉名今靈芝爲令而著則其殊政無異前人其可不咏歌之以彰厥美乎惟天子仁聖臣鄰効職冲和之氣溢於寰宇甘露靈芝之應瑞將見太史氏之不一書也獨吾邑也乎哉大夫君子能賦者必有以歌咏之而知予之

特識也

康熙志

十六年癸亥龍泉寇至爇縣堂

永樂二年甲申大水歲饑人相食

正統丁巳四月大水壅塞田地淹沒廬舍

三年戊午夏五月芝生儒學白下大記芝生儒學西齋如瑶瑜瓊玖精采英異

成化二十年甲辰縣譙門災

二十一年乙巳大水入城智林寺塔傾决天井堤爲河一康熙志河在四十二都先是民家天井中出二竹笋乃龍角也未幾水漲决爲河二十餘里今名天井堤

弘治三年庚戌春天馬山鳴是年侍郎曾翬卒

正德十四年己卯吉安雨血著衣皆赤時宸濠反

嘉靖十二年癸巳秋星隕如雨禾苗盡死

十四年乙未大水

十九年庚子夏大水

二十一年壬寅夏旱

二十四年乙巳夏饑秋大疫

二十六年丁未天馬山鳴是年尚書羅欽順卒

二十七年戊申社稷壇主爲牧童所折一夕大雨雷霆交戰石合如故

三十五年丙辰夏大旱

三十九年庚申天馬山崩白下大記水湧出螺數石大者如拳沐歲寇至居民被禍獨椽

四十年辛酉徧邑地赤粉牆如赭廣寇至朱白下大記補

四十四年乙丑六月淫雨田稻秧

隆慶二年戊辰夏四月芝生冠朝白下大記生於先王父贈尚書公李士家園梅榴柿瓜俱一蒂雙實

三年丁卯夏四月饑

萬歷五年丁丑秋大疫

六年戊寅夏六月大水

十七年己丑夏大旱

二十五年丁酉夏四月疾風拔樹池水涌

二十八年庚子地震

三十二年甲辰十一月地震

四十二年甲寅夏五月大饑巡道吳正志賑之

四十四年丙辰五月大水城內外民居盡圮侍郎郭子章請賑

按舊志載四十五年知縣王元瑞修石磯頭此非祥異應歸王公堤修建始末內今訂正

四十六年戊午秋月東方白氣狀如大刀光焰數夕

占者以爲蚩尤旗生兵戈之象

崇禎九年丙子大搭索飛歲荒康熙志知[illegible]吳文濂[illegible]饑

十二年己卯延眞觀災

十五年壬午萃和書院災大搭焚是年歲荒知縣劉國[illegible]之康熙志

國朝順治二年乙酉城隍廟災

四年丁亥大饑民食野菜

七年庚寅大饑人食竹實土皮

十七年庚子王山崩裂處如潰癰沒閭舍人畜

康熙十年辛亥旱大饑

十二年癸丑天馬山鳴三晝夜次年遭寇亂至乙卯乃靖

十九年庚申十月西方白氣如長橋光焰數夕

二十六年丁卯春雨水溢夏復大旱民饑

三十一年壬申四月怪風自東北來觀音堂鐵佛仆并壞

萬壽宮楊氏貞節坊

三十五年丙子夏五月縣署災

四十二年癸未冬民大疫

四十三年甲申夏五月贛河水溢入城大饑

五十二年癸巳夏四月大水入城至儀門深五尺壞縣前

屏牆民大饑

五十五年丙申武山北巖石龜鳴夏大旱

雍正十一年癸丑五月雙鶴樓災

乾隆八年癸亥旱大饑民多食土

十四年己巳四月麥有秋八月眞武閣災

十五年庚午春二月學宮雙桂實秋七月大水

十九年甲戌夏大水

二十五年庚辰夏大旱數月不雨顆粒未收

二十九年甲申夏大水

三十年乙酉歲大祲

三十二年丁亥春三月六鄉疫

三十三年戊子秋六鄉疫

三十四年己丑大水

三十五年庚寅歲大稔

三十八年癸巳歲大稔

三十九年甲午春大水

四十一年丙申秋九月大水

四十四年己亥夏大饑

四十五年庚子秋八月六鄉大疫

四十九年甲辰夏大水饑

五十一年丙午歲大旱

五十二年丁未春二月饑

五十四年己酉夏大旱六鄉疫

五十五年庚戌夏四月麥有秋秋大稔冬十二月雷震

五十七年壬子春淫雨夏四月雲亭江大水

六十年乙卯夏四月大雨雹秋七月學宮雙桂並實

嘉慶五年庚申春正月大淩秋七月大水九月雪

十年乙丑十一月地震

十一年丙寅夏四月麥有秋秋七月大稔九月六鄉疫

十二年丁卯夏五月大旱

十三年戊辰冬十一月地震

十七年壬申秋七月大水

二十年乙亥夏五月大祲

二十五年庚辰八月六鄉疫

道光元年辛巳九月城隍廟災

二年壬午秋七月大稔

三年癸未秋七月大稔

六年丙戌饑

十年庚寅秋八月大水

十二年壬辰九月雪三月始解

十四年甲午大水漂沒廬舍人畜無算大饑人食野菜

十五年乙未大旱疫流行饑

十六年丙申歲稔

二十年庚子歲饑

二十三年癸卯西南隅白氣橫亘如匹練遮夜低向西方久乃沒

二十四年甲辰大水

二十九年己酉六月大水漂沒田稻

咸豐三年癸丑六月淫雨兼旬稻秫秧紅蝗蝻徧縣堂日無光七月彗星見逆匪鄒恩隆陷城縣署儀門譙樓倉庫典史署澄江書院皆燬

四年甲寅饑

五年乙卯大水冬十一月城內外房屋寇燬逾半

六年丙辰豺狼四出食人

七年丁巳冬十月彗星見

八年戊午夏六月有星光焰燭天竟夕冬十月虎出水南鄉人斃之

十一年辛酉五月彗星見秋八月朔日月合璧五星聯珠聚張唯金星在翼

同治三年甲子豺狼四出傷人

九年庚午春大水夏大旱歲饑八都木溪虎出傷人鄉人
斃之
十三年甲戌歲稔
光緒二年丙子夏大水饑
三年丁丑夏大水饑

【光緒】吉水縣志

（清）彭際盛等修　（清）胡宗元等纂

清光緒元年（1875）刻本

吉水縣志卷之六十五

雜類志

祥異

劉宋

元嘉二十年廬陵琵池芙蓉二花一蔕太守王淵以聞宋

書符瑞志

大明七年夏四月乙未白雀集廬陵王第廬陵王敬先以

獻豫章書

泰始六年七月壬午白雀二見廬陵吉陽内史江孜以聞

宋書符瑞志

宋

熙寗元年秋九月吉州玉虛觀生芝叢省志

元豐中邑人劉顯事母孝甘露三降庭松郡圖以進舊志

劉顯傳

政和間吉水李籌與弟衡廬墓於楊山墓前產木一本二榦高丈許復合爲一至其末乃分兩榦五枝人以爲瑞

宋史孝義傳

紹興初有甘露降縣境東之二里虎邱山因易山名曰甘露省志

明

洪武間吉水槐市靈佑廟產瑞蓮蕭伯興有詩
詩云芙蕖並蒂攢香蕤萬綠叢中獨邂逅暗結同心戲穠纖盈醉
臉嬌相倚溪邊紫殿神所都紅妝耀日鳴金鋪夜深羅
襪步秋水雙溪並踏青珊瑚自古嘉祥徵草木如君此
地多徵福濂溪猶有愛花人翻作迎神瑞蓮曲

正德十五年吉水南山悟空寺生竹一本五榦豫章書

嘉靖二十四年夏四月同水鄉花園王氏祠產靈芝三本
中本紫蓋黃裙高出於左右左右青者如玉黑者如漆
而覘中本差小王夔靈芝之賦序

萬曆四十三年三月吉水東華峯下產瑞麪其質細滑而

白以水和之甘芳如糜生熟皆可食時歲饑取之者日萬人明日復盈如舊民皆相慶稱更生羅大紘作瑞麵頌

序云維萬歷四十三年江西連歲大饑吉州尤甚賴撫軍王公焦勞賑救方伯李公部巡吳公同心竭力守令仰承德意悉以閭閻疾苦狀報聞撫臣言於上本年二米從折色便報可又留稅銀二萬散各郡備賑民始有更生之望而吉水溫侯撫字逾勤至三月上旬東華拳下忽產神麵有樵者童子過一父老指援此可充饑童子如教負一斗歸其家食之皆飽遂流聞各方荷簣鋤

往者日漸至萬餘人日所發夜輒滿厥麪細滑潔白不
雜沙石以水和之甘芳與米麥麪無異生熟食皆無恙
不能多食稍能具宿舂與大無行者一夜化爲土或負
大重輒棄去窮民甚無告者所得更粹而甘或爲餅或
爲糕賴以不饑逸臣羅大紘家當孔道睹聞甚悉且眞
懽忭踴躍爲窮民慶幸爰作瑞麪頌一以昭上帝之大
德與山川之靈貺一以表主上南顧至仁與在事拊循
精意一以彰吾吉民風樸愿爲天人所哀憐故事出非
望世所希覯云頌曰皆聞天降嘉禾民獻瑞麪當時君
臣動色相稱史臣特書垂教來世然皆盛世休祥惟以

新一時耳目聽覩非利物濟人之實惠也惟茲靈山實產異麪糈非人巧粹本天成凝若膏脂皎如霜雪黍稷同馨不費耕耘之力調和可食毋煩杵臼之功雜腥葷則嚼如蠟配藜藿則甘如飴少食之饑而能飽過食之飽而不化蓋惟以濟四民之無告即曰築萬斛其何傷邇者麰麥有秋禾稼已播穀雖貴而價不騰踊年本凶而人免阽危於惠為不費之惠於祥為非常之祥倘雨玉雨珠既無救於白骨即降甘降醴亦何補於青苗熟若瑤丹瓊粉藏於不涸之倉霧散雲蒸發於無禁之府老稚兼濟即起死可以回生仁義並行唯周急而不繼

富歡騰穹宇和洽清甯斯蓋帝運隆昌與上蒼合其德故乾道變化亦與聖人同其憂豈惟慶歲兆豐康生民於仁壽抑且流慶顯瑞臻歷數之靈長固宜上下同心增修厥德發宏願體至仁謂不急去太甚進賢簡能渙究黜浮理陰陽順四時於以仰答天貺而凝承無疆休祉斯天人交應之道不可誣也

天啟間邑孝子羅邦治居廬於鷓鴣洞廬前芝草叢生甘露再降　舊志羅邦治傳

國朝

乾隆十有三年夏五月初十日癸巳甘露降於吉水縣儒

學崇聖祠前羣樹之上色潤而光其味如飴在蘭葉者
尤爲濃厚所降之地方廣四丈至甲午申刻小雨露始
晞丁酉再降時天氣晴明仰視日光中細縷萬縷自空
而墜蓄面冷然晶瑩如珠承於掌上舐之甚甘歷午未
申三時不絕戊戌己亥庚子辛丑連日復如之士民觀
者如堵知縣朱嘉績驗實上其事於幕府教諭彭揆作

甘露說

說云乾隆十三年五月十日癸巳夜甘露降於吉水縣
儒學崇聖祠前羣樹之上色潤而光其味如飴在蘭葉
者尤爲濃厚所降之地衡廣四丈直約丈餘明日甲午

申刻露始晞乙未丙申陰雨丁酉天初霽右簷之下復有露凝沍樹間仰察久之日光中細絲萬縷自空而降稍近人則晶瑩如露珠著面冷然而霞積於掌舐之甚甘鑒藤柳葉上凝結如膏歷午未申三時之久不絶然所降之地方廣不及一丈戊戌己亥庚子辛丑連日午未時如之紳士來觀者衆咸以爲瑞謹按瑞應圖曰王者施德惠則甘露下降又曰仁瑞之澤凝如脂名膏露晉中興書曰王者敬養耆老則降於松柏尊賢容衆則降於竹葦春秋緯言甘露降其國沈重者人尚文宋文帝元嘉二十四年十二月甘露頻降狀如細雪二十七

年四月甘露降豫章南昌戊午午時天氣清明有綵雲映覆郡邑甘露自雲中降凡書籍所載與今所見毫末相符合夫符瑞之徵必驗於人事今戊辰恭逢 恩免江西賦稅之年甘露卽以此時而降其爲仁瑞應無疑蘭質近松柏竹柳類乎華積歲以來當道諸公卿仰體 國家膏澤普注養老容衆之意政肅刑清民士樂業又其明驗若夫吉水風俗醇樸士類謹厚尚文而露氣所結凝重如膏又降於學舍文教之地此亦徵驗中之一端雖 盛明之世不言庥祥然嘉禾瑞麥載在經書有其實而無其文者學士大夫之過也故予詳紀

甘露形狀且上考往古諸說以徵焉他日作爲雅頌歌

之 廟庭以詠太平之盛者必將有取於此

乾隆四十八年癸卯文筆峯頂忽有卉木叢生條柯繁茂

四五月間花開紅艷十數里望之如霞錦如丹砂人咸

以爲文筆生花是科鄉試郭縉光果奪解聯捷入詞林

賓瑞兆先徵

咸豐三年癸丑四五月旱六月將刈稻忽淫雨旬餘禾盡

偃泥淖中甲坼萌芽

咸豐七年丁巳六月十四日巳刻八都墟西偏楊嶺前雲

起始白繼黑如匹練下垂距地咫尺已作搖動勢倏上

倏下者數刻六月十九日雨徹晝夜不息二十日巳刻
遠近山裂平地水深四五尺低者丈餘沿江廬舍衝沒
淹斃民人無算識者謂陰氣爲厲寇將至乎七月初四
日賊果由新淦蜂擁而來民俱逃徙

（清）姚濬昌修　（清）周立瀛、趙廷愷等纂

【同治】安福縣志

清同治十一年（1872）刻本

祥瑞

劉宋元嘉六年三月丁亥白象見安成江州刺史南譙王義宣以

聞豫章書補

齊永明元年五月木連理生　三年正月榆樹二株連理　七月

安成王暠第獲白雀一以上俱齊書

唐末有牛產六犢蓮生一莖四房之瑞時楊彥伯爲宰豫章書

宋皇祐四年甘露降府志　嘉定元年五月荊山民早出見一星隕

前亟掘地得之光彩爍爍毀爲數十片亦然豫章書

明萬歷四十三年六月邑民王某自外歸有雲如匹練隨之入室化爲白龍王驚呼家人環拜鄰舍喧傳聚觀食頃乃滅徐世溥雨禪新泥

國朝順治三年四月天門闢見五色雲如畫　康熙二十五年二月黃龍菴前生竹一本雙幹　五十九年大有秋六十年四月城內東山寺墖頂有氣如烟隨風繚繞三日乃止　雍正十年正月大雪五月大雨是年大熟　乾隆元年春麥發兩岐大有年　十四年麥有秋　十七年石屋山麓産靈芝　三十五年秋大稔　三十八年三月洋澤石門山白晝有聲石罅中裂有紫烟裊裊而出經時乃散　三十八九年俱大稔　四十七年夏秋大稔以上舊志　五十年大有年　五十二年歲稔　嘉慶六年春東山寺墖頂有氣如烟繚繞三日始散　二十二年重修學

宮成掘地得前明學博黄庭蘭所鑄銅鑪一銅瓶二皆有銘供
奉 大成殿聖位前 二十四年中秋夜月食復圓後四圍現
五色雲如華蓋垂罩半空 道光十七年秋稻大熟 咸豐二
年夏秋大穫 五六七年麥稻菽皆稔雖髮逆擾境防禦有貧
民不失業 六年九月武功香鑪峰青烟籠頂如蓋曉日照之
成紫色 同治元年五月有雙鳥五色朱冠大如鵲尾徑尺文
采絢爛由城沿江而上過有竹梧處穿繞飛鳴聲如樂諧
三年夏大稔 五年九月縣試初場夜近二更有赤氣一道自
南迤北其光燭天初若紅霞漸淡黄移時始散 中道書院有
紫荆樹與竹溪瑞芙蓉凡科場年分如過春秋兩度開花肄業
其間者必有人中雋又城西由庚館鳳尾蕉值開花之歲亦然
道光同治年間屢驗 十年大有

災異

梁大同五年土人劉敬躬偶於田間得白蛙化爲金龜將鎔之生光焰室敬躬以爲神而禱之所請皆驗後以謀反伏誅豫章書

宋淳熙七年大旱　九年五月大旱　十年八月大水　慶元六年大水　六月大雹如雞卵　嘉熙四年六月大旱蝗

元元貞元年六月大水　大德十一年饑　至順二年大饑

至正十四年四月大雨水溢數丈漂沒民田廬舍是歲大饑人相食

明洪武元年大饑　永樂二年大水歲饑人相食　正統二年四月大水壞民田舍　成化十六年五月大水高十餘丈漂沒田廬男婦溺死無算尋大旱饑　宏治十三年邑內火燬讀書樓

正德十四年春西北鄉大水山崩東山塆頭邑民袁氏家雌雞

變雄是年宸濠反　嘉靖十二年秋西北星隕如雨　十九年
大水　二十三年大旱疫二麥不收　二十九年冬大雪竹木
多凍死　三十年春大雪雹　隆慶三年四月大饑　萬歷五
年閏八月天雨小黑實視之乃薊薪實也近數邑皆然占云天
雨草木實人多死是年瘴疫死者無算　十六年大水　四十
二年大饑　天啟四年大旱　五年二月大雨雹　崇禎六年
地震　七年十月城內三門火延燒二百餘家
國朝順治四年大饑斗米銀七錢民食樹皮野草死者甚眾
五年大饑又大水　十八年五月大水平地深三尺漂決田畝
廬舍　康熙四年旱災　六年水災知縣焦榮申報得減徵
十年旱大饑知縣張召南賑之申報蠲徵三分　十七年三四
五月大饑知縣張召南賑之　四十三年春夏旱荒穀價騰貴

乾隆元年五月大水寅陂橋圯沿江田廬冲塌　三年自夏至秋大旱螟　八年大祲穀價騰漲民食仙粉土　十五年大旱　十六年大祲穀價昂貴　二十九年大水　三十年大祲五月七日九龍山聚蓮菴水從山頂湧出巨石崩墜數十餘丈武功山集雲菴後亦然　三十三年蟲食禾　三十六年六月武功山天心瀑水崖蛟出水漲冲壓田房淹沒人口無算鳳林橋圯　三十七年六月二十二日北岸田禾中有巨蛇圍二尺餘其聲如貓頭尾似菜花蛇三日變紅黃五日乃去　四十三年夏大旱禾盡槁　四十四年春夏大祲穀價騰貴　八月大水　四十五年五月旱饑至秋復稔以上舊志　四十九年夏大水　五十一年夏旱　五十四年旱　五十七年三月邑西六都地震傾陷民屋糧田邑令傅親禱社公廟乃止　道光元年秋蟲食粟

六年六月二十三日零雨滂濛至二十五夜白雲峰環繞諸山崩潰聲殷殷如雷黑水湧出沿溪樹拔田廬漂蕩大小橋俱圮惟鳳林橋水溢丈餘尚存縣府詳請發賑分別蠲緩　十一年大水　十五年三月北門火自鳳林橋南延燒數十家　四五月大旱禾盡槁貧民食樹皮有死者　十六年二月大雨雹近城十餘里麥盡偃民屋店房多破壞　二十二年夏夕間西方有白氣如匹練縣亙天中月餘乃滅　二十四年夏五月大水　二十八年正月朔大冰凍竹木多折　三十年除日大雪夜凍酒皆冰踰旬始解　咸豐二年十一月桃再花　三年夏六月陰雨浹旬穀皆發芽　七月東南諸山塌破數十處水暴出漂決田廬　四年春夏大饑　黃陂地陷廣數丈深不可測　八月邑南山中有桐樹忽生枝如刀矛劍戟狀次年粵賊

大至　七年秋飛蝗由西北入境羣飛如雪時晚稻已熟未食不爲災　八年正月大捕蝗初鄉民不知捕蝗法惟西望武功山禱禳有張委員者陝西人教民掘地數寸有白子成串如黍米大即蝗蝻也人掘一升予錢百成蟲跳躍者予五十掘益多錢遞減悉坑而焚之至二月十八夜月出時忽有大如燕者成羣南引蔽空而去　七月星隕自東南有聲大如月色蒼赤漸大如車輪至西北黑烟從輪中出繚繞四散　同治三年大水八年十五都江頭村後山橫裂十餘丈　七都太平山裂西梘口水溢坑田沙石堆積成洲　九年二月大雨雹傷麥　夏旱穀價騰貴禱武功壇得雨

（清）王肇渭等修　（清）郭崇輝纂

【同治】龍泉縣志

清同治十二年（1873）刻本

邑侯楊振綱捐俸代梓

・祥異

唐

開元二年有二龍戲於武陵瀧土石崩裂冲成泉道後人因以名龍泉

大中間處州刺史賈琮入覲舟泊遂與江口忽有五色祥雲見其地因名五雲今隸萬安

南唐

保大三年春正月星大如斗豬長三四丈自北而南光一二時乃沒占曰此兵象也八月楚馬氏招降邑扶賊果連兵不息

宋

開寶八年水北桐木壩有五色祥雲竟日方散人以爲遷治光

湻化元年夏四月至六月大雨江水暴漲一丈三尺漂壞民田及屋廬　三年騶虞見於南門外

祥符元年冬十月甘露降於縣治東　三年秋七月龍見於池里人即其地建院曰龍池寺

景祐三年夏六月大水民多溺死

慶歷四年春三月金輪山生芝四本蓮葉

嘉祐二年夏五月五華山下龍馬相鬬片時雲起暴雨迅雷龍飛去馬亦不見至今其地呼爲馬龍

元豐六年夏四月大旱至六月中大雨縣丞門東産芝莖

大觀四年夏五月大豐陂堰産嘉禾四五穗歲大有因名其地爲豐足山

建炎三年夏四月天鼓鳴經一二時方止　秋八月有怪鳥高

五尺赤色自西飛來止於縣南門脊上數百羣小鳥白之三
日後乃去明年彭友屠邑
紹興三年春三月盜焚縣治譙樓文廟縣中民舍一空　十七
年王珠廬母墓有雙竹靈芝之異
湻熙三年春三月大雨害禾稼傾文廟　十年秋八月大水文
廟復圮壞民舍草木人物多溺死
紹熙四年自夏及秋江水漂沒民居
慶元元年五月中含山蛟出頭尾皆現壞禾稼有豬苗射獸在
山拾一桃吞食之是夜身首添長數尺報縣後不知所終
三年二月不雨至六月旱禾無收　六年大水六月大雹如
雞卵鳥獸震死
嘉泰二年秋白鹿見於南坪居民逐之至縣南城隍廟前忽不

見

嘉定十四年旱蝗邑大饑民饑殍死者相枕於道知縣余經國

捐俸買穀賑民　十五年新市街火

端平元年夏六月朔大風雷屋瓦皆飛鳥獸驚鳴　二年虎出

傷人縣丞翁文正禱於仰山廟遂止

嘉熙四年夏六月大旱蝗秋八月遂水有聲如鳴鐘經月不止

淳祐四年四月大水

咸熙三年有星隕於福勝院旁氣貫如虹數時光沒　冬十月

鵝村民封正已家牛生犢一角鱗身肉尾封殺之識者謂麟

也

咸淳二年秋八月江水泛漲漂蕩室廬民多溺死縣尹何安世

力請減租卹民

景炎二年文廟學舍燬於兵

元

至元二十五年秋九月縣之西南有物類馬形在一都赤石地

方食猪犬且傷人報縣捕之未獲

大德十一年歲大歉

泰定元年夏五月有鳥狀如黃雀百千成羣害禾稼

至順元年吉郡大饑民多餓殍

至大二年秋水大泱沖壞民居文廟傾

元統四年三月天雨毛如綿數日

至正九年大疫秋七月虎山忽崩裂流水如血邑西南陂田地

方山若移動之狀是夜疾風雹陷沒民居至今名其山爲

移山　十年南北二溪有聲如牛吼經月　六月大水衝決

濟川橋及民屋店房　十四年夏大饑人食草根粉石　六月有黑氣環城三晝夜乃沒是秋邑之奸民羅邦引彭瑺中據邑屠戮甚慘金銀二山塔遭拆去

明

洪武元年大饑　五年秋縣城南長壽寺産芝草二本

永樂二年甲申大饑　三年學宮産五色紫芝有白鶴翔於大成殿上是年登解榜者四李三郭傳爲盛事

宣德六年熒惑犯南斗歲大饑

正統元年春芝生儒學時習齋　秋大饑詔民出粟賑濟

景泰三年大荒都御史韓雍復勸民出穀賑饑　四年儒學東圃菊花盛開花心復著一花如盤托盞　五年稲花亦多花心著花　六年芥菜每葉分二三十葉又發小葉如柏葉狀

天順二年夏饑
成化二十一年五月大水高十餘丈漂沒田廬溺死無算 冬十月青門市犬上屋如飛三日後大火燬店房及民居數百間
宏治元年縣產瑞禾九穗縣具狀以聞 四年燬魁星閣 十年天雨雹形如牛首重十餘斤屋樹鳥獸俱被打傷 十四年虎入城傷人過水南入城隍廟民震恐
正德十四年天雨血著衣皆赤色 民袁氏家雌雞變雄是秋輋寇出縣擄掠江西宸濠反
嘉靖二年城內義井醴泉出氣清香味如酒數日廼竭 四年掛榜山雷擊石下響聲崩裂今俗呼為雷打石 十二年秋西北星隕如雨 十九年大水 二十二年大旱疫二麥不

登 二十九年冬大雪凍竹木多死 三十年春大雷雹

四十二年虫如晒簟蜂擁數十萬禾稼皆食人罕見聞知縣方清禱於神西風忽發一夜盡死

萬歷五年九月四日慧星見於西方形如抱練長約十餘丈由尾歷箕越斗度牛至十一月十九日乃止 十二年大水傷禾 三十一年秋七月有黑獐如犬夜入南門蕭某家捕之不獲數日火發焚傍溪店屋

天啟三年旱饑 五年春三月夜項家塔內有蜈蚣蟲長一丈餘出洲上光照如火

崇正八年虎出傷人 四月邑中大疫 十二年十二月十六日天鼓鳴二三時乃止 十四年水口地方大水蛟出身長十餘丈角爪皆具浸沒田禾民舍 十五年大饑縣南五

華峯忽生異石色白赤狀如茯苓研之細軟如麪雜米粉三分爲餅食之活人頗眾俗號觀音粉西成後此石卽堅不可食矣

國朝

順治三年盆珠一里許甘露降　夏四月日暮天門開於西南見五色雲如畫　五年戊子春夏大饑　八年有虹墜於虎潭溪水色燦爛經日始散　十一年有二大蛇見於萬洋山下大篶地方長二丈餘日夜傷人獵人忿捕殺計塹路刀候其至殺之其地遂甯　十八年鄉民李士林妻王氏一產三男其三生者獨長大有肉角啼哭數日同母俱死

康熙元年春五色雲見十年龍泉營馬生駒耳前有角長一寸餘　十三年甲寅四月大饑秋福廣賊起據縣擄殺　十七

年戊午四月至七月不雨大旱荒巡撫佟國正來縣查勘蠲賑　二十六年丁卯邑中大水高一丈三尺漂沒民居　四十三年甲申米價騰貴　五十九年六十年俱大有秋以上俱類編

雍正元年癸卯正月甘露降　十年壬子八月大水壞禾稼民居

乾隆元年丙辰大有年　八年癸亥米貴邑東北蛇長嶺有土色淡紅膩如麪俗名觀音粉取以作羹食之亦可療飢惟多食者生脹病及秋熟則土不可復食　三十五年秋稔糧價甚平

按蛇長嶺之土與前明五華峯之石俱號觀音粉資之可救民荒一至秋成即變味而還其故質豈亦地不愛寶擬

於天之雨粟耶考泉鄉山間所產蕨根可擣爲麵歉歲則
產饒豐年則產嗇上天好生之德不欲使窮戸細民盡殍
於荒祲之歲而特不可以爲務民之曠業蕩家者濟也附
記村志

五十四年秋大疫

五十九年樟木坑古朝爵壽躋百歲五世同堂　旌表建坊
欽賜繁頤餘慶匾額七律詩一章
嘉慶元年順政鄉例貢李錦山年八十親見七代五世同堂
欽賜七葉衍祥匾額

十年乙丑十一月廿一日巳刻地震　十三年戊辰十月二
十九日夜三更時地震　十四年夏六月順政鄉大水數丈
漂沒民居房屋無算　十六年八月有彗星見於西方

十六年大汾彭鼎鳳年九十二歲親見七代五世同堂

欽賜七葉衍祥匾額

二十年鄒友艮妻邱氏年百有二歲五世同堂　旌表建坊

二十三年石鼓太學生劉昇綸繼妻鍾氏年百有三歲五世同堂　旌表建坊

三年呈報順政鄉職監江獻璧妻李氏年八十三親見七代五世同堂

大汾馬衢瑞年九十一歲親見七代五世同堂

李德祥石圍人年九十六歲親見七代五世同堂

李大烈妻唐氏石圍人年九十二歲親見七代五世同堂

監生李仕鵬妻黃氏石圍人年九十四親見七代五世同堂

甘宏相妻鄒氏年九十六歲親見七代五世同堂

例貢葉騰芳妻李氏息鑼人年九十歲親見七代五世同堂

郭仁闕瑤厦人住㘭下離城三十里爲人忠厚以耕種營生年九十餘身體康健尚能杖履山路咸豐八年邑城陷其子孫欲背逃僻地闕曰我享

堯上太平之福數十年且年近百歲何苦棄高曾之隴畝而轉徙於他鄉乎賊至果不加害其臥榻寢睡常向東邊八年四月十六夜忽更睡西邊是夜東邊墻傾覆床亦壓倒闕寢西邊得無恙享年百有三歲壽終　學憲畢獎以上壽綿慶

張擎于監生壽躋百齡呈報縣令汪獎以百齡人瑞

駱鎮玉監生五世同堂年百歲　旌以熙朝人瑞給帑建坊

郭李氏瑤厦太學生以行之妻壽九十親見七代五世同堂道光二十六年在縣令徐藍前呈報

陳張氏大村遠法之妻年九十歲五世同堂道光十四年由學

移縣呈報丙申學學憲許獎以福延萱蔭

郭裕章妻張氏淋洋人年九十三五世同堂學憲張獎以護壽敷榮

吳學游順政鄉徑溪人年百歲呈報縣憲獎以百歲流芳

方章文年百有三歲妻張氏百歲夫婦齊眉

王廖氏儒童奕純妻年百有三歲　學憲張獎以藹壽蕃衍

尹德湘妻劉氏九十一歲五世同堂子盛士八十二歲五世同堂

倪貢劉容之仝妻廖氏八旬親見七代五世同堂五斗江人

羅黃氏職員輔君妻壽百歲五世同堂

薛劉氏若蔦之妻八十七歲五世同堂縣憲丁獎以德門福備

吳康氏三溪太學生鳳翔妻年九十一五世同堂　學憲吳獎

以曾壽桂芳

吳樊氏三溪太學生光裔妻八十七歲五世同堂

道光六年丙戌歲饑　十三年癸巳十二月寒冰凝結半月山居貧民多饑餓不能出門戶　十四年甲午歲大水饑米價昂貴每升約七十文　十五年乙未歲秋大旱中藝稗禾無收　十六年丙申又旱　廿六年丙午臘月十六日天大雪深數尺六畜凍死　廿七年丁未春天大雨雹大者如椀樹木瓦椽多被擊損牛有受傷斃者　三十年庚戌秋大疫

咸豐元年辛亥秋大疫　二年壬子秋七月彗星見於西南光芒橫出如匹練每黃昏時輒見至三更而沒越旬餘方止　三年癸丑五月彗星復見於西方山寇劉通義等作亂　五年乙卯夏五月縣署蓮池開並頭蓮數莖邑侯田博厚繪蓮花並蒂圖紀以詩士紳和者衆　七年丁巳四月天雨紅水如蘇木色閏五月城復勦逆八千有奇血流蒲河　九年己

未冬天雨豆其色赤其形扁小苦不可食鄉民拾而種之生
苗葉似菉豆而莖則木本云 十一年臘月二十七日天大
雪洒結堅冰二十餘日樹木枯槁
同治六年丁卯五月烈風雨雹屋瓦如飛大樹拔之過墻 十
年辛未春正月大雨雪堅冰凝結至十餘日折倒樹木無數

【同治】萬安縣志

（清）歐陽駿修　（清）周之鏞纂

清同治十二年（1873）刻本

雜志

諛聞瑣節掌故稗焉災祥靈感徵信則傳理契疇範誕殊夸堅至若金石湮沒荒煙攟摭數端綴諸簡編後有作者蒐採無偏志雜事第十二

祥異

宋

元豐初五色雲見於雲洲時賈善祥左遷爲萬安縣丞有德政召還是日駐旌遂與江口越月郭世永中漕試觧元始新邑之祥云舊志

按通志云唐大中時虔州刺史賈琮一作宗入覲駐旌遂

與江口見洲有五色祥雲起因名萬安爲五雲廬府志因之但不載賈琮事是皆以五色雲見在唐也第萬安之名始於南唐卽改贛陽驛爲五雲驛亦在立縣以後亦必如通志云云也錄備參考

明

永樂二年甲申洪水橫流鄉民大患之

永樂五年丁亥蕉源水湧山崩田塞

洪熙元年乙巳夏大水深於永樂間壅塞田地漂沒廬舍

成化二十一年乙巳閏四月大水較前加四尺稍退五月復漲二尺田廬崩沒無算五雲閣被冲塌水退繼以疫

正德五年庚午夏野蔬自南來入城隍廟鄉民逐之邑人

劉玉占曰王城郭坵墟冬十二月流賊果至殺戮男婦數千燒燬民居殆盡在縣三日在蕉源五日黃塘二日府志

嘉靖十二年癸巳蝗禾苗盡災

嘉靖十四年乙未夏五月大水城鄉均受害郡守屠大山因作憂民詩詩見文翰志

國朝

順治四年丁亥大饑斗米銀七錢民多死

康熙二十六年丁亥春霪雨洪水泛濫山崩北城傾人多淹死夏大旱三月禾稼盡槁民饑

雍正元年癸卯正月甘露降府志

雍正十年壬子大水西塘鄧林等處冲塌房屋府志

乾隆元年丙辰五色雲見東方

乾隆十五年庚午大水

乾隆五十年乙巳大熟

乾隆五十一年丙午夏大旱至七月始雨秋藝特熟

乾隆五十四年己酉大旱秋大疫

嘉慶五年庚申水發於寧都城中可通舟楫

嘉慶十七年壬申夏大水甚於庚申學宮照牆毀道德門圯五月暴雨山溪水發田廬被冲知縣余源勘報

嘉慶二十五年庚辰大疫

道光二年壬午穀熟

道光三年癸未正月雪深數尺歲大熟

道光六年丙戌旱大饑米價昂貴

道光十四年甲午夏大水城垣冲塌斗米錢七百餘民多餓死

道光十七年丁酉大熟

咸豐二年壬子東鄉桐口有女人嫁中塘地方忽變爲男身

咸豐三年癸丑春有綠蟲如蝗者遍於野傷苗夏雨不止禾生兩耳六月朔良口山崩平地水深六七尺冲沒田地房屋無算

咸豐四年甲寅有麂自東來入城穀貴

同治五年丙寅八月城内起火延燒店房百七十餘家艮口是月亦被火災店燒殆盡

同治七年戊辰夏大水泛濫於南鄉傷人冲沒田產房屋甚夥

同治八年己巳四月雨武索山崩於夜水陡漲平地六七尺冲沒田廬無算淹死數十人

同治九年庚午春霪雨夏大旱米貴

同治十年辛未豪猪自北來入城邑人獲之

同治十二年癸酉秋大熟十一月雨豆及粟

【同治】永新縣志

（清）蕭玉春、陳思浩修　（清）李煒、段夢龍纂

清同治十三年（1874）刻本

皆謂未死頃閤復瞑目時年七十七矣雩彥濟記其事萬歷志

祥異

宋

皇祐三年辛卯冬甘露降吉州知府王固以聞府志

劉楚公生時近村出紫霧氣氤氳三日不絕萬歷志

譚觀光居喪廬墓有白兔白鹿之祥萬歷志本傳

咸淳十年甲戌正月己卯朔萬歷志誤作乙卯茲從通鑑改正永新有奇氣如虹起

一城東江水中橫貫一邑須臾作錦紋五色狀覆蓋郭西門左何

一元兵壓境陷城諸勤王大姓悉屠滅

明

嘉靖十六年丁酉夏大水城內深丈餘廬舍多漂沒

十九年庚子大水

二十三年甲辰大旱疫

二十四年乙巳大饑道殣相望

三十年辛亥秋邑惠愛樓災

三十一年壬子秋八月天大雷雨文廟災據萬歷志廟學志補

四十年辛酉歲大饑

四十一年壬戌春大水

四十三年甲子春大水漂廬舍

四十五年丙寅春大饑冬十月大雷雹西北星隕如雨其色青

萬曆五年丁丑秋閏八月雨小黑實視之乃薊薪實也近數邑皆然占云天雨草木實人多死其年人患瘴疫死者不可勝紀以上俱萬曆志

國朝

順治三年丙戌大水決塞田畝甚多康熙志

六年己丑春南鄉淫雨山崩五月僞[illegible]士舉從闞溪入境鄉人拒之戰敗賊殺南鄉三千餘人秀才汪逢源盛王畿吳化鵬諸名士皆被戮

十三年丙申大水浸城深數尺邑令王登錄東向禱於觀音太士水退建太士閣

康熙五年秋晴空中忽霹靂墜石於南鄉歐田又連月虎出四鄉死者百餘人

賀貽孫春星草堂記云時邑閧無人城内積礫叢葦虎伏葦内傷人嘗入鹿攖鎮將焉嗌之燐夜見如炬鬼兵裹緋介而馳逐之則登樹而嘯風雨晦明人鬼相搏公廨慄然有殺氣康熙志云時邑令陳盡浩歎而已戊申黎公士宏至任虎遂絶

十六年丁巳春西鄉栒花都陽虎晝出鬼夜哭至九月滇寇王會兵踞更鼓寨殺戮五百餘人秀才蕭友生恭生耀珠似銓似瑛同日死穆將軍至難方解 以上俱康熙志

三十二年癸酉八月陳山江水陡然湧出平地深三尺漂沒物產

無數乾隆志

四十一年壬午大旱多虎傷五十餘人邑侯張士琦至之月大雨下令捕虎一日得虎三遂絕跡穆堂初稿

四十三年甲申夏大饑讋西饑民相殺禾川書

穆堂初稿云歲甲申江西十三郡竝饑永新令張士琦發廩賑民而西鄉長埠田東牽坊三村以强糴相格鬬傷多人士琦即列狀白大吏疏請設兵部議落籍

四十九年庚寅六月三更水起玉女廟背廟墻圮神像漂出里許立而不仆五十都四十五都淼若巨浸沙壅田禾水中聞鐘磬聲又似繰竹聲天明方退乾隆志

雍正二年甲辰夏饑禾山虎患死者無算至九年方絶 禾川書

乾隆志云雍正甲辰迄乾隆壬戌邑遭虎厄十餘年死者近千人獵戶合圍十銃連發不能傷伺以藥弩虎則迂道以行且有銜其箭而去者人以爲神云

四年丙午夏大水廬舍田畝漂沒甚多 禾川書

乾隆八年癸亥夏四月大饑訛言梅田洞仙粉降已而大洪走馬南岸洲仙人擔土及土煙諸山皆然民爭掘取和米屑爲餜食之 禾川書

譚尚書有仙粉記畧云今歲三月穀價漸騰四月益甚石直二金有奇水陸運致恒弗給傳聞泰和早禾市降仙粉民問和米

屑蒸餜日夕引領有覓得一撮者珍爲拱璧色如白泥不敢斥言泥也未幾聞東鄉寶仙聖洞仙粉出焉已而南鄉大洪山西鄉走馬坑南岸洲仙人擔土諸地皆有之老弱把鋤荷篠人人厭所欲而去歡聲振地以爲天雨粟也里人過里田而遇肩者覻之譁曰此吾土壢坑所見慣也掘之果然自是道便者不之他而之土壢坑焉先是人家得仙粉皆粉三米七糝和以成餜厥後則粉七米三甚且有專用粉者旣多食腸塞不可下輾轉床褥呼號聲相聞嗚呼向苦饑而死今則又飽而死矣然後知遠近所掘非仙粉也泥也予因記之使後之人無恃穀米之饒而不知節也

九年甲子小江山虎傷人無數西南鄉被毒尤甚至十六年方息
時虎猖獗甚白日出田隴噬人辛未五月南鄉仁里會捐貲募
獵戶多人奮擊三日殺虎四遂絕跡 禾川書

十六年辛未夏饑 禾川書

二十九年甲申夏饑四月大水深數丈決田廬無數 禾川書

三十年乙酉春夏大饑視癸亥倍甚 禾川書

嘉慶十一年丙寅歲大稔

十七年壬申秋大水

二十年乙亥夏五月大祲 以上俱道光志稿

道光六年丙戌夏六月蛟水爲害衝決田畝漂沒廬舍無算溺死

者數千人事聞郡守劉體畢勘驗賑濟

十二年壬辰大饑

十四年甲午大饑

十五年乙未大旱民食仙粉

二十六年丙午春二月大雨雹

三十年庚戌歲大稔

咸豐元年辛亥歲大稔

二年壬子歲大稔

三年癸丑夏六月淫雨屢旬田穀霉爛冬桃李花開

四年甲寅夏大饑

九年己未夏六月大疫

同治元年壬戌夏六月大風拔木壞廬舍縣西境爲甚

三年甲子歲大稔

八年乙巳夏闗溪凰田村大風拔古樹一株里人鋸開中現天下太平四字刮之不去木板呈縣驗明

十二年癸酉冬十月雨穀以上俱新增

【同治】新淦縣志

（清）王肇賜修　（清）陳錫麟纂

清同治十二年（1873）活字本

新淦縣志卷之十

雜類志

祥異

洪範次八曰念用庶徵爲休徵爲咎徵在天成象在地成形在人與物則殊其類上自邦畿下逮郡邑皆有徵也新淦地處一隅雨暘寒燠之序昆蟲草木之生休咎各以時見用載諸篇以占物候以協民情因編祥異

日

晉

大康元年正月己丑朔五色氣貫日自卯至酉　豫章書

元康九年正月日中若有飛鵲者數月乃消　宋書志

永康元年十月乙未日闘黄霧四塞　宋書志

大和六年三月辛未白虹貫日日暈五重　宋書志

義熙元年五月庚午日有采珥十一年日在東井有白虹十餘丈在南干日　宋書志

元熙二年正月壬辰日暈東西有直珥各一丈白氣貫之交匝　宋書志

永嘉元年十一月乙亥黃黑氣掩日所照皆黃五年三月庚申日散光如血下流所照皆赤日中若有飛鵲者宋書志

宋

元嘉二十九年十一月己卯日始出色如血外生牙塊壘不員宋書志

大明七年十一月日始出四五丈色赤如血未沒四五丈亦如之宋書志

元徽三年三月乙亥日未沒數丈日色桼赤無色五年

三月庚寅日暈五重又重生二直一抱一背宋書志

唐

天寶三載正月庚戌日暈五重唐書志

大歷二年七月丙寅日傍有青赤氣長四丈餘壬申日上有赤氣長二丈三年正月丁巳日有黃冠青赤珥辛丑亦如之唐書志

元和二年十月壬午日旁有黑氣如人形跪手捧盤向日盤中氣如人頭閏三月日旁有物如日十年正月辛卯日外有物如鳥唐書志

寶歷二年三月甲午日有黑氣如杯唐書志

大和二年十二月癸亥有黑祲與日如鬬六年三月有黑祲與日如鬬四月乙丑黑氣磨日十一月壬寅白虹貫日東西際天上有背玦唐書志

開成二年十一月辛巳日中有黑子大如雞卵日赤如赭晝昏至於癸未五年正月己丑日暈白虹在東如玉環貫珥二月丙辰日有重暈有赤氣夾日唐書志

會昌四年二月己巳白虹貫日如玉環唐書志

咸通六年正月白虹貫日中有黑氣如雞卵唐書志

乾符二年日中若有飛鷁者六年十一月丙辰朔有兩
日並出而鬬三日乃不見唐書志
景福元年五月日色散如黃金唐書志
光化三年冬月有虹蜺背璚彌旬日有赤氣自東北至
於東南唐書志
天復元年十月日色散如黃金十一月又如之唐書志
天佑二年正月甲申日有黃白暈暈上有青赤背乙酉
亦如之暈中生虹漸東長百餘丈二月己巳有黃白暈
如半環有蒼黑雲夾月長各六尺餘旣而雲變狀如人

如馬乃消唐書志

明

天啟元年辛酉十二月十四日午時日昏其光如血

崇正五年十一月初二至初五日光相盪內黑而目不可久視四圍半寸許如水晶動搖不寧忽躍於日上而過

國朝

道光元年辛巳四月初一日日月合璧

月

晉

義熙元年八月丁巳月犯斗第一星四年五月丁未月掩斗第二星六年三月己巳月掩斗第五星五月月掩斗第五星八月丙戌月犯斗第五星 宋書志

永嘉五年三月丙戌夜月蝕既丁酉夜又蝕 宋書志

大明三年六月月入南斗六年八月月入南斗七年七月月入南斗魁犯第二星八年正月月入南斗魁掩第二星二月月犯南斗第四星入魁中 宋書志

永光元年二月甲申月入南斗 宋書志

泰始二年七月甲午月犯南斗宋書志

元徽五年正月戊申月犯南斗第五星六月乙丑月犯南斗第四星宋書志

昇明元年八月庚申月入南斗犯第三星十二月癸卯月掩南斗第四星宋書志

宋

永初元年十二月甲辰月犯南斗三年正月丁卯月犯南斗三月壬戌月犯南斗宋書志

乾道二年六月乙酉月入斗八月庚辰亦如之十一月

戊午月犯權星豫章書

唐

天寶三年正月庚戌月有紅氣如垂帶唐書志

大歷十年九月戊申月暈暈中有黑氣作合作散十二月丙子月出東方上有白氣十餘道如匹練唐書志

天復二年十二月甲申夜月有三暈裹白中赤黃殆繞唐書志

星辰

臨江禹貢揚州之域星紀斗度清類天分野書

新淦地於春秋屬吳當星紀之次南斗之度參引西史

玉笥承天之雲堂成五星聚斗之歲也劉會孟玉笥山承天宫雲堂記

漢

永和二年八月庚子熒惑犯南斗後漢書志

魏

正元元年十一月白氣出南斗側廣數丈長竟天晉書志

晉

永興元年九月太白入南斗晉書志

永嘉三年鎮星久守南斗豫章書

宋

大元十九年十二月癸丑大白犯歲星在斗宋書志

孝建二年五月乙未熒惑入南斗十月甲辰又入南斗宋書志

大明三年九月大白犯南斗宋書志

泰始六年八月壬辰熒惑犯南斗宋書志

元徽三年大白犯南斗第三星宋書志

梁

天監元年八月壬寅熒惑守南斗隋書志

大同五年十月辛丑彗出南斗長一尺餘東南指漸長

一丈餘隋書志

陳

天嘉四年九月癸未太白入南斗隋書志

唐

乾符六年歲星入南斗魁中省志

光化三年十月太白鎮星合於南斗豫章書

天祐二年夏四月庚子有星類太白上有光似彗長三

四丈色如赭辛丑色如縞或曰五車之冰星也豫章書

宋

乾道元年十二月庚子五緯與塡星合於南斗四年二月壬子六月辛丑八月己亥六年五月乙亥十月庚申八年十月癸卯五星皆見宋史

乾德五年三月五星聯珠宋史

慶歷三年十一月壬辰五星皆見東方宋史

開寶四年八月癸卯景星見宋史

開寶八年彗出五車色白長五尺十國春秋

咸熙五年五月有星孛於南斗省志

元

至元二十五年秋九月庚子熒惑犯南斗省志

至正十一年七月己未大陰犯斗宿東第三星十月辛巳大陰犯斗宿距星乙酉大白犯斗宿第二星十七年七月甲申大陰入犯斗宿距星閏九月丙午大陰犯斗宿南第三星豫章志

明

宣德六年熒惑犯南斗省志

正德十三年夏六月有星自東南飛來其光燭天有聲

嘉靖十三年夏六月熒惑犯南斗省志

萬歷三年九月四日有星曳於西南色赤如火少頃沒晦日彗見西方形如白雲勢若拖練根五丈餘闊三丈餘長十丈由尾歷箕越斗度牛至十一月二十九日乃止省志

國朝

道光元年辛巳四月初一日五星聯珠

雷雨

唐

天祐七年庚午夏有聲如雷光彩五色闊十丈遠近皆見錄異記

宋

寧宗時有雷擊物爲產婦所觸不能上昇邑巫鄒公誦解穢咒遂昇雷以印鞭謝之水旱祈禱輒應異聞錄

百丈峯俗呼西雷每春夏之交雷神時出掃盪至則屋瓦搖動夜有天燈自半空下臨祠宇暉映山谷風雨不能掩久而後沒張徽百丈峯記

淳化元年六月大雨江漲丈三尺壞民廬舍豫章書

隆興八年五月大雨河水暴出漂民廬壞城郭潰田害稼宋史志

明

朱秉器病面瘡晝寢忽夢中若有人云東海使者覺頗怪之是日午大風雨從東北來書樓屋瓦飛如秋葉下庭砌舍中竹棚俱吹去有僕安焚香堂上聞堂中似有物墜地者其聲甚大回視之祇黑氣從地起上左樓屋角入雨中不復可辨皆謂雷也或卽東海之使耶神理冥冥又有若禎告之者殆不可曉河上楮談

先儒釋螮蝀詩謂日與雨交倏然成質乃天地之淫氣也然河上之虹起自深淵薄於岩洞若有知者考諸載記所言若飲薛願之釜入子良之宅劉義慶廣陵之粥振戶有聲韋南康郡庭之筵若驢爲首或見蝦蟆赤鵠或化女子丈夫要之物理茫昧不可一端測也汾上續志

成化二十一年霪雨水漲四郊一壑豫章書

嘉靖四十三年六月大雨十日諸苗死

萬歷四十四年丙辰春夏霪雨

崇正十二年己卯霪雨三月十五年季春霪雨

崇正十四年十月二十一日大雷震

國朝

康熙四年震雷暴風拔民墻屋　同治軒職初大雷電

甘露

甘露甘而色微紅有雀餳則色白稍濁味雖甘而滋雀餳爲異甘露爲瑞河上楮談

宋

元嘉十三年二月丁卯甘露降上明巴山宋書志

明

嘉靖三十九年三月雨雹大如卵屋瓦俱碎

天啟七年丁卯清明夜大雹如粟

崇禎元年戊辰三月十七日狂風巨雹如拳拔樹破屋

八年三月十四日大風雹拔木十四年十月二十一日

雨雹如拳如磚晚稻麥俱無登

崇禎十四年辛巳元旦樹木凝冰折圯十七年秋雨黃

沙望之若霧印

國朝

康熙四年六月風雹拔建興寺

咸豐三年三月十八日雨雹大者如拳

同治十一年壬申三月二十一日大雨雹四月二十八日大風拔樹破屋

冰雪

咸豐辛酉臘月二十九日至同治元年壬戌正月初三日大雪嚴凍五日屋簷冰柱長數尺途東山林中鳥雀多凍死有忍凍拾薪者兼拾鳥雀歸途西三湖一帶柑橘樹木根株盡壞巨樟被凍壞者亦多此冰凍之異也

水

宋

大中祥符三年六月江水泛溢害民田豫章書

淳熙十五年六月水圮民廬紹熙三年七月乙酉水圮民廬宋史志

明

成化九年水知府陳浩申詳奏免稅糧十分之四十四年水知府薛世暄申詳奏免稅糧十分之五二十一年大水巡按御史劉蕭奏免稅糧十分之七

宏治十五年五月大水壞民田廬巡按御史唐龍奏免稅糧十分之五八月大水歲饑十六年大水歲大饑

嘉靖六年水巡按都御史梁材巡按御史潘壯會奏免稅糧十分之五十二年水巡撫都御史王廷巡按御史李循義會奏免稅糧十分之五十四年大水平地水高丈餘四野為壑壞民廬舍淤塞田畝溺死人民甚衆巡撫都御史秦鉞巡按御史王會奏免稅糧十分之二十九年大水巡撫都御史王奏免稅糧十分之五二十四年大水無麥苗升米百錢村市競搶為亂巡撫都御史虞守愚巡撫都御史魏謙吉會奏免稅糧十分之七三十五年四月大水

萬歷十四年丙戌大水二十四年丙申大水丁酉復大水四十四年丙辰五月初二平地水湧衝墻拔屋蔽江面下

崇禎十二年己卯大水灌城三次十四年夏大水

國朝

順治四年春大水斗米千文貧民採蕨爲食七年春水九年大水十年癸巳大水十八年辛丑大水從撫張朝璘題免稅糧十之三府志

康熙元年大水六年丁未四月大水漂沒田廬溺死人民甚衆撫院董衛國題免稅糧十之三完者流抵下年四十五年丙戌夏大水賑之省志

雍正四年丙午秋禾水災蠲免被災糧銀省志

乾隆甲申年大水乙酉年大水

道光甲午夏大水壞磯岸城垣知縣黃春集紳議修復計捐費三萬有奇時周

世鏞廖賡颺陳偉瑞等不辭勞瘁始終其事而勤勤懇懇無有過廖賡颺者

旱

宋

乾道七年夏秋旱首種不入冬不雨八年大旱九年久旱無麥苗淳熙九年七月旱十四年夏五月旱

元

泰定元年五月饑至元三年饑豫章書

明

宣德九年旱巡按程奏免稅糧十之五成化三年旱巡按趙奏免稅糧十之五

宏治十一年旱巡撫都御史金澤巡按御史陳銓會奏免稅糧十分之五

正德元年大旱巡按御史臧鳳奏免稅糧十分之五二年旱巡按御史臧鳳奏免稅糧十分之五八年旱巡按御史任漢奏免稅糧十分之五十一年旱分守參政陳洪謨奏免稅糧十分之五

嘉靖二年旱巡撫都御史盛應期奏免稅糧十分之五五年大旱巡撫都御史陳洪謨巡撫御史徐岱會奏免稅糧十分之五十一年旱巡撫都御史高公韶巡按御史秦武會奏免稅糧十分之五十三年旱巡撫都御史王廷巡按御史李循義會奏免稅糧十分之五十五年大旱巡撫都御史秦巡按御史陳會奏免稅糧十分之二十七年旱巡撫都御史胡奏免稅糧十分之五二十年夏旱民多逃移二十三年五月大旱四十

四年秋旱饑（升米百錢）

隆慶二年大旱禾苗盡枯粒米無收民多流移知府馬文學勸借賑濟民賴以蘇十六年戊子大饑十七年己丑旱赤地千里民採野蕨充饑申請賑恤減稅十八年庚寅旱三十一年癸卯大旱

崇禎六年三月末旬旱至九月十三日方雨十六年癸未旱

國朝

順治三年丙戌大旱（斗米千文民食糠粃棉仁野草等物餓莩載道白骨如山有合家餓）

死無一存者有居耕牛充饑而脹死者有遲至次年秋成纍得食而飽死者此數百年僅見之奇荒也

十六年己亥旱巡撫部院張朝璘題免稅糧十分之三 府志

康熙元年大旱二年大旱三年大旱守憲施俱申請減賦之三四年大旱申請減賦之二八年己酉旱撫院董題免稅糧十分之二完者流抵下年九年庚戌秋旱撫院董題準續荒外免稅糧十分之二完者流抵下年十年辛亥秋旱撫院董題免稅糧十分之三完者流抵下年

嘉慶二十一年乙亥十二月南門大火燔屋舍百餘間

道光二年壬午六月南門大火燔屋舍百餘間

道光三年癸未十一月南門大火燔屋舍四十餘間

同治五年丙寅七月沙湖杏林山左有井自鳴火自井出如巨燭煙浮不散者三日次年丁卯七月初二日沙湖大街火燔店鋪百餘間

【同治】峽江縣志

（清）綦大儒修　（清）廖其觀等纂

清同治十年（1871）刻本

祥異

明

嘉靖六年秋大有年　十一年夏六月大旱蝗　十三年夏旱　十四年夏四月大水秋大有年　十六年夏旱禱獲雨　十七年夏六月大旱　十八年春正月虎入城　二十年夏大旱　二十九年夏六月旱　三十一年夏旱　三十四年夏大水　三十五年夏五月大水竹生米　三十六年秋大有年　三十七年夏四月大水五月大旱　三十八年三月大水出峽水湍激浮橋當衝流散三之一

隆慶二年夏五月六月大旱秋七月田禾旱傷以上何志

萬曆十四年丙戌大水　十六年戊子大饑　十七年大旱民食藤　十八年旱　二十四年丙申大水　二十五年丁酉復大水　三十一年癸卯旱　三十三年乙巳旱　四十二年甲寅大水穀貴民饑

崇正六年癸酉大旱　十一年戊寅大水　十四年辛巳大水　十五年壬午大水　十六年癸未旱　十七年甲申中秋雨黃沙望之若霧撲人面著物皆丹以上府志

國朝

順治三年丙戌大旱斗米千餘錢民皆食糠粃棉仁野

途餓莩載道白骨如山有合家餓死無一存者有屠耕牛充飢而脹死者有延至次年秋成纔得食而飽死者此數百年僅見之奇荒也　十年癸巳大水

康熙四年乙巳夏旱　五年丙午旱　六年丁未夏四月大水漂沒田廬溺死人民甚眾　以上府志　五十七年戊戌夏旱巡撫白潢禱雨即應歲有秋　五十八年己亥夏旱甚祈禱如前甘霖立沛秋大稔　五十九年庚子大有年　六十年辛丑大有年　六十一年壬寅大有年

雍正三年乙巳大有年　九年大有年　以上省志

道光六年丙戌四月旱至六月二十七日乃雨大水泛溢　七年丁亥大有年城內大火燔廛舍數百間　十一年辛卯五月大水九月民病瘟疫　十二年壬辰冬連月雨雪樹木凍折　十四年甲午五月大水壞民田廬歲大饑　十五年乙未三四月旱五月大水漂沒田廬歲大饑　十七年丁酉大有年　二十九年己酉春夏大水

咸豐二年壬子七月有星如火其光燭天自東南飛來墜於西北有聲　三年癸丑水　六年丙辰五月大水九月至十二月不雨桃李杜鵑花開　七年丁巳夏霪

雨山多崩裂

同治三年甲子砦膳橋有虎渡河欲躍入魚舟漁人以篙刺其口斃之　八年己巳三月雨雹大如卵屋瓦俱碎　十年辛未四月大風雨雹黑氣漫天沿河數十里拔大木壞廬舍　以上新增

附人瑞

乾隆二十八年癸未厚聚婁共嗜妻陳氏壽滿百歲長子昆郡庠生舉鄉飲介賓次子聯登邑庠生郡守晏廷彥贈以匾額

乾隆四十五年羅田張景詵妻袁氏一產三男

【同治】贛州府志

（清）魏瀛修　（清）魯琪光、鍾音鴻纂

清同治十二年（1873）刻本

輿地志

祥異

晉太元八年癸未南康大水平地五尺

十八年癸巳夏六月南康大水深五尺

二十一年丙申春正月木連理生虔化縣社後

義熙八年壬子自正月至四月南康郡地四震

南宋元嘉二十二年乙酉白虎見贛縣郡相劉與祖以獻

齊建元四年壬戌白虎見虔化縣

梁大寶元年庚午夏五月水暴起數丈三百里灘石皆沒

陳太建七年乙未冬十二月南康獻瑞鍾

唐元和七年壬辰虔州暴水平地深四尺

大中元年丁卯虔州獲六眼龜一夕而沒

宋大中祥符八年乙卯甯都金精山石崖產瑞草極枝生

瑞花知縣邢芳繪以獻

政和元年辛卯虔州芝草生

紹興十四年甲子虔州民毀欹屋拆柱木中有文曰天下

太平守臣薛弼上之

乾道九年癸巳秋贛州螟

嘉定十五年壬午秋贛州螟

元至治元年辛酉贛州霖雨潦蝗相繼

明洪武六年癸丑冬十月州人呂氏手植白牡丹於庭冰

雪中盛開狀若玉盤盂

正統五年庚申歲大祲

成化四年戊子甯都三江水合

嘉靖十三年甲午水

二十五年丙午秋七月瑞金學泮池內產一蟾蜍色白如

玉

三十五年丙辰夏四月大水灌城七日而水再至覩前加

三尺漂沒溺死無算

三十九年庚申冬十二月郡城大雪樹木冰彌月不解

四十四年乙丑安遠縣虎晝出噬人

萬歷元年癸酉秋七月郡城民家井中醴泉出三日乃竭

五年丁丑九十月間大熱桃李皆花筍拔地數尺人死於疫者無算

十年壬午郡治火

二十九年辛丑春正月郡城黑眚見禳之乃息

四十一年癸丑冬甯都地震有聲

四十二年甲寅歲大飢

四十四年丙辰夏五月霪雨不止蛟蜃並出一夜水高數

丈廬舍田禾皆沒居民溺死無算雩都信豐亦如之

四十六年戊午秋大暑民病疫癘死者相枕籍冬桃李實

以上謝志

天啟四年甲子夏大水秋旱

六年丙寅秋大疫

崇禎十三年庚辰秋八月龍南水

十四年辛巳秋七月信豐地震冬十一月復震

十五年壬午郡城火冬十月地震

十六年癸未大水冬十二月會昌雨血

十七年甲申饑秋七月會昌大黃沙崩裂水湧出居民溺

死無算

國朝順治三年丙戌郡城饑夏五月信豐雨雹龍南亦如之

四年丁亥春大水秋饑冬十一月地震

五年戊子春夏贛州大饑

六年己丑安遠饑

七年庚寅冬十一月定南地震十二月信豐亦如之

八年辛卯春正月會昌地震

九年壬辰興國饑

十二年乙未信豐虎晝出傷人直入城市

十三年丙申長甯大有年
十四年丁酉旱信豐自三月至八月不雨川源皆涸
十八年辛丑春正月信豐暴風折木壞屋夏五月大雨雹
六月駝背山裂
康熙元年壬寅郡城祥雲見
四年乙巳彗星見
七年戊申春二月彗星見於西南隅
十年辛亥秋七月熒惑守斗七日始退
十一年壬子會昌大雨雹
十三年甲寅興國火焚死者一百三十七人

十六年丁巳春二月龍南大雨雹夏六月興國大水圮城
百餘丈壞田廬
十七年戊午興國會昌饑
十八年己未大水漂沒田廬人畜無算夏五月水復漲溢
十九年庚申龍南大雨雹定南旱安遠山水暴漲漂
廬人畜信豐連歲稔
二十年辛酉安遠大水漂沒田廬人畜無算十二月地震
有聲興國長甯皆大水
二十一年壬戌會昌暴雨如注江水溢夏六月興國旱秋
九月瑞金甘露降

二十六年丁卯郡城霪雨大水灌城夏大旱
二十八年已巳閏三月雨冰大風折木秋八月興國地震
二十九年庚午春二月雩都大風雨雹
三十三年甲戌會昌饑龍南水民大饑安遠亦如之
二十四年乙亥冬雩都火
三十六年丁亥雩都會昌龍南信豐瑞金石城皆大饑
四十年辛巳四月朔會昌有星隨日行占曰水駕星主水
六月果大水
一夏六月會昌水城圮於水者十餘丈諸鄉廬舍漂沒無
算步雲橋崩

四十二年癸未郡屬大旱夏五月會昌地震七月雩都天雨黑粟

四十三年甲申郡邑大饑道殣相望夏五月霪雨不止大水灌城瀕江田廬漂没無算雩都興國城有圮於水者會昌饑

四十四年乙酉夏六月信豐地震秋大有年

四十六年丁亥冬十一月雩都地震

四十九年庚寅興國瑞芝生

五十二年癸巳夏四月贛州雩都信豐會昌安遠皆水

五十九年庚子夏五月龍南水城圮

六十年辛丑信豐龍南旱

六十一年壬寅會昌池蓮一莖三花秋龍南大有年

雍正元年癸卯春正月紫霧起於會昌夏六月長甯白燕

至羣燕隨之

四年丙午春正月長甯地震夏安遠旱秋七月龍南水

七年己酉春正月安遠大雪平地五尺秋大有年

八年庚戌安遠大雨雹春夏龍南旱民饑秋八月興國雨

赤豆

九年辛亥興國長甯大有年

乾隆元年丙辰會昌學宮泮池產瑞芝二本

二年丁巳秋七月會昌水八月安遠白燕至冬十一月贑縣大雷雹以雨

四年己未秋長甯大有年

七年壬戌夏五月龍南饑六月興國水城圮廬舍皆壞

八年癸亥春三月贑縣大霜池有冰三月晦晝暝烈風拔木折屋大雷雨雹是日學使試甯都石城考棚塌壓死與試者百餘人

九年甲子夏四月安遠大雨水暴漲民廬有沒於水者五月信豐水秋長甯大有年

十年乙丑夏四月安遠水

十一年丙寅春會昌旱夏雩都自五月至七月不雨
十二年丁卯雩都旱
十三年戊辰會昌疫
十四年己巳會昌旱
十五年庚午秋七月大雨江水泛溢郡城可通舟楫雩都
亦水冬十二月信豐大雷電雨雹
十九年甲戌贛縣棉布街章氏廬紫荆樹連理
二十一年丙子夏四月興國水
二十四年己卯夏四月贛郡疫
二十六年辛巳府屬大有年夏四月興國大雨江水泛溢

漂沒田廬

三十一年丙戌大有年

三十四年己丑春安遠饑

三十九年甲午大有年夏五月雩都水

四十二年丁酉夏四月安遠大雷雨衝塌廬舍信豐水以上實志

五十一年丙午雩都自四月至七月不雨信豐旱大疫會昌安遠龍南亦旱參各縣志

五十二年丁未龍南饑郡城道署火參龍南贛縣志

五十四年己酉信豐饑信豐志

五十九年甲寅長甯饑定南螟參長甯定南志

六十年乙卯信豐饑信豐志

嘉慶元年丙辰信豐龍南大有年參信豐龍南志

二年丁巳春興國水龍南亦如之秋興國火參興國龍南志

三年戊午安遠饑安遠志

五年庚申郡城水雩都興國會昌皆大水參各縣志

七年壬戌冬十一月雩都地震雩都志

八年癸亥信豐火信豐志

九年甲子信豐龍南定南皆大水參各縣志

十年乙丑龍南饑龍南志

十一年丙寅冬信豐地震信豐志

十五年庚午冬十一月龍南火龍南志

十六年辛未彗星見於會昌定南之野參會昌定南志

十七年壬申贛州信豐皆水參贛縣信豐志

二十年乙亥春二月長甯天雨粟夏六月大雨雹長甯志

二十一年丙子興國旱興國志

二十四年己卯閏四月龍南江水暴漲漂沒民居夏五月

　會昌大雨雹冬信豐桃李華參各縣志

二十五年庚辰雩都信豐會昌龍南皆旱大疫參各縣志

道光元年辛巳信豐龍南長甯定南大有年參各縣志

二年壬午春正月會昌地震會昌志

三年癸未秋信豐大有年冬十月郡城瑞雪盈尺參信豐志李志

十年庚寅郡城督學考院火李志

十一年辛卯信豐大饑明年亦如之李志

十二年壬辰信豐大風雨雹壞垣屋傷人及畜李志

十三年癸巳夏五月贛縣大水李志

二十七年丁未道署甓園玉蘭樹成連理枝李志

咸豐元年辛亥四月興國方山地水暴發漂沒村民田畝

六月安遠虎傷民畜無算興國安遠各志

二年壬子夏六月贛縣大水贛縣志

三年癸丑三月二十三夜大雨如注安遠九龍山湧水十八處平地陡漲數丈衝倒民房無數古田石角車頭龍頭等處沿河三十里民田俱遭淪沒是年地震安遠志

五年乙卯三月安遠雨雹大如雞卵安遠志

七年丁巳四月十八夜興國地震興國志

八年戊午二月興國雨豆色赤興國志

九年己未安遠八月初旬夜半空中湧白氣長丈餘自西轉東少頃墮[illegible]鎔錫數百點安遠志

十年庚申贛縣大水雲泉鄉芳村蕭姓漂沒房屋數百間贛縣志

同治二年癸亥興國各鄉村時見怪獸形似馬而小色白能食人童男女被噬者以百數五月初四夜安遠大雨龍泉堡山崩數處壅塞民田無算大水漂沒廬舍壓死男女數十口參興國安遠志

四年乙丑正月二十一日夜安遠龍泉堡雷震安遠志

五年丙寅安遠附郭多虎患知縣俞敦墻懸重賞捕虎數十連獲二虎患遂息近年龍南信豐亦多虎患參安遠志新增

六年丁卯郡城外龜角尾民人郭世椿妻胡氏一產三男皆育贛縣志

八年十月二十三日郡城牌樓街火新增

九年庚午正月贛縣西方有星墜地白光長數丈繚繞如草書月字踰刻滅二月大雨雹如拳屋瓦秧苗多損年仍豐下游饑米穀之順流而下者不下六七十萬石贛郡糧價大昂官發倉穀數萬石價始平吉安民缺食巡道文翼委員發穀數千石濟之八月初二晚西大街火閏十月初三日楊老井又火參贛縣志新增

十年正月初八晚郡城磁器街火二月二十八日大風雨雹新增

十一年二月二十四日大風雨雹歷年歲皆豐稔新增

九月十三夜戌刻月華五彩四圍絢作圓光逾刻始散

亥刻月輪外忽絢為方圖五色遞現方圖外再週以圓圖五色燦爛如絲線盤繞時值聖主大婚之期非常祥瑞不獨贛郡見之新增

卷二十二終

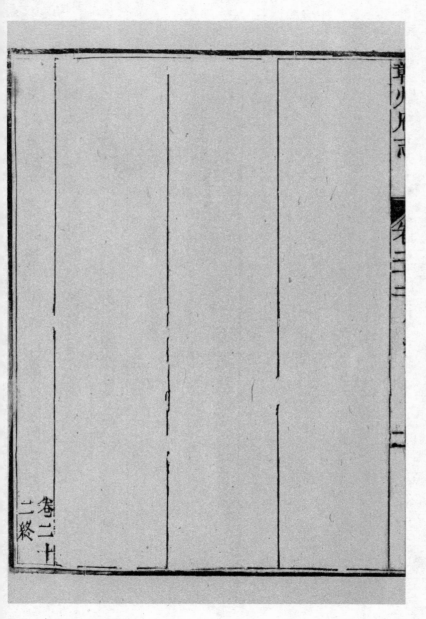

【同治】贛縣志

（清）黄德溥、崔國榜修　（清）褚景昕纂

清同治十一年（1872）刻本

雜類志

祥異

漢書詳錄五行傳說及其占應後世史家述焉其學本洪範庶徵不得謂爲理之所無然比事而求其應未必悉然也傳曰天道遠人道邇爲祥爲異天道也而有人事存不可以不謹矣舊志列祠廟前今從通志歸雜類云

晉

太元八年癸未南康大水平地五丈

十八年癸巳六月已亥南康大水深五丈

義熙八年壬子自正月至四月南康郡地四震

南宋

元嘉二十二年乙酉白鹿見郡相劉興祖以獻

齊

永元二年十月甲寅辰星及太白俱見南方是日荆州長史蕭穎胄奉南康王寶融起兵

卽帝位(册府元龜)

梁

大寶元年庚午夏五月水暴起數丈三百里灘石皆沒(舊志)

二年夏六月陳霸先發南康贛江水暴起數丈灘石盡沒尋進軍討侯景破之(淳熙志

省志)

陳

太建七年乙未十二月甲子南康獻瑞鐘

唐

武德元年戊寅春三月陰雨旬日空中龍見鱗爪俱明

六年癸未淸德鄉袁龕巖生靈芝五本高三尺許自此十餘年春三月芝草生僧淨行護

以檻
元和七年壬辰虔州暴水平地深四丈
大中元年虔州獲六眼龜一夕而沒
宋
雍熙二年乙酉虔州民李祚家馬生駒足各有二距
至道元年五月虔州江水漲二丈九尺壞城流入深八尺壞城門(宋史五行志)
景祐三年六月壬中虔州久雨江溢壞城郭廬舍人多溺死賜被溺家錢有差
元豐缺年贛倅劉顯治廳甘露降於庭松劉顯事八十餘老母甚孝憲使張景修作仁澤堂詩紀之
政和元年虔州芝草生(宋史五行志)
紹興二年虔州霖雨連春不止壞城四百九十丈圮城樓敵樓九十五所
十四年四月丁亥虔州民毀敍屋折柱木中有字五其文曰天下太平時守臣薛弼上之

天下方亂近木妖也出五行志舊志作二十年乙亥郡守薛弼以爲異遂獻之適當郊祀而太廟生芝州有此獻秦檜大喜乞詔付史館又譔製華旗八面紀祥瑞焉（按舊志二十年乙亥即下二十五年乙亥也因佚五字故重見）

十五年虔州疫（宋史五行志）

十六年虔州放生池生蓮皆同蔕異萼

二十一年民家竈鼎生金色蓮花萬州虔州皆有蓮同蔕異萼（册府元龜）

二十五年十月贛州獻太平木時秦檜擅朝喜飾太平郡國多上草木之妖以爲瑞（宋史五行志）

乾道八年贛州江水暴出

九年贛州久旱無麥苗秋贛州螟

淳熙十一年四月不雨至於八月吉贛皆旱

紹熙四年夏贛州水

嘉定十四年浙閩廣江西旱贛州爲甚

十五年五月不雨至七月贛州大旱(册府元龜)

是年秋贛州螟(宋史五行志)

端平元年贛州大饑

元

世祖至元十五年贛州旱人多熱死

十七年贛州螟(元史本紀)

二十七年秋七月戊申江西霖雨贛吉袁瑞建撫皆水溢

大德二年贛州大水

十年四月贛州暴雨水溢(元史本紀)

延祐元年九月乙巳贛州等路水溢

二年五月贛州等路饑

四年九月嶺北地震三日（通鑑綱目）

至治元年辛酉贛州臨江霖雨潦蝗相繼（元史本紀）

二年壬戌民大饑

泰定元年贛州南安等路饑（元史本紀）

二年乙丑贛州南安新梅諸路饑

四年丁卯建昌贛州惠州諸路饑

順帝元五年贛州大旱

十五年旱人苦酷暑多熱死

至正三年贛州旱

八年贛州水溢

十四年黑氣入斗

二十七年丁酉冬十一月旱天青忽現太平二字丈餘書似飛白逾時始散

蕭相經曰贛縣祥異志內有至治元年二年二條列於至正五年十五年之前及雩都志至元二年下有七年一條列於大德延祐之後皆誤也考元史贛州入元在世祖至元十三年丙子以前皆宋紀無元五年事也至治爲英宗年號不當列於至元大德之前考此二條祥異正與英宗辛酉壬戌兩年事合則後此至元爲順宗時矣順宗乙亥初祚用舊元紀年至辛巳則改至正無七年事也疑七年與十五年皆當作至正然七年可改十五年則不可易今仍年代編次以備參考云

明

洪武六年癸丑冬十一月州人呂氏手植白牡丹於庭冰雪中盛開狀若玉盤照耀白日

永樂十二年甲午贛州振武二衛雨水壞城(明史)

正統五年庚申歲大祲詔遣重臣分行天下郡縣勸民出粟所在富民應詔者旌異之仍復其家贛人呂彥文出穀六千餘石以實倉廩有司上其事下詔旌表蠲其徭尋詣闕謝賜綵幣酒饌以榮之

正德十　年秋七月贛州府城地震黑風四塞下黑子如竹實

成化四年戊子旱

嘉靖七年正月元日甘露降贛州長泰巡撫汪鋐以聞（省志）

十三年甲午水災

三十五年丙辰夏四月大水灌城七日而水再至視前加三尺漂沒溺死無算五月疫

三十六年冬十月有物自贛至南安府類猿色黑兩目有光近人人輒病或有死者（南安府志）

三十九年庚申冬十二月郡城大雪樹木結冰彌月不解即春秋所謂雨木冰漢書五行志亦曰樹介

萬歷元年癸酉七月郡城金魚坊井中醴泉出其氣清芬味如薄酒三日乃竭

五年丁丑九月彗星見十月大暑熱民無所避桃李復花筍枝拔地數尺大寒中雷有霹靂聲明春轟轟不已電光瞥爍雹如大珠人死於疫者無算

十年壬午郡治災明年太守徐應奎重新之

二十九年辛丑春正月郡城黑眚見形似狸犬夜間潛入人室燈燭皆滅其氣觸人若硝礦不可近走屋瓦有聲遠近驚怖晝夜鳴鑼呼噪如是者浹旬禳之乃息

四十二年甲寅旱大饑

四十四年丙辰五月初一二三霪雨不止蛟蜃並出一夜水高數丈初四日灌郡城東北街市及頻河室廬六鄉田禾皆沒男婦溺死無算雩都信豐龍南興國瑞金安遠長甯會昌皆被水部使三院疏聞於朝詔如四十二年例改折淮南二米餘縣俱從寬卹(舊志疏略云駕筏於城垣之上繫纜於麗譙之間托寢處於屋脊寄柩櫬於棟梁夢華胥而魄泊波濤寤晨炊而臼還深竈鼃字字淚也)

四十六年戊午旱秋酷熱晚禾無收民病疫癘鄉落尤甚闔門死者相枕籍九月之杪東南坊蒼白氣一道闊尺餘約長丈二尺每五更出現浹旬始滅又冬少霜桃李實

天啓二年壬戌六月災

四年甲子夏大水秋旱

六年丙寅秋疫

崇禎六年癸酉二月雨雹

十一年戊寅十二月十九大雪雷是歲有妖出名馬狸精

十五年壬午郡城大災十月地震

十六年癸未大水

十七年甲申饑

國朝

順治二年乙酉冬十一月己未空中有聲如礮自午至申響聲四聞有流星大如缶尾如炬煙青白色起東南沒西北其聲如雷俗目爲天銃

三年丙戌饑斗米千錢

四年丁亥春大水夏五月烈風迅雷城內石坊盡圮秋饑冬十一月地震

五年戊子春夏大饑斗米千錢金王二逆困贛斗米萬錢

十一年甲午郡城外善慶庵產靈芝高二尺許

十四年丁酉旱

康熙元年壬寅祥雲見

四年乙巳彗星見光芒燭地長竟西北尾如巨帚

七年戊申二月疋練見西南隅

十年辛亥七月熒惑守斗七日始退

十八年己未大水高數丈水自雩都斜嶺來入四會鄉牛嶺衝決阜嶺數處狀若移走漂沒田廬人畜壅於雲泉鄉五月水復漲田廬盡沒四日夜方退

十九年庚申冬十一月有星見西方白氣直貫東北光芒如疋練尾開數十丈經明春方沒

二十一年壬戌城內上壚觀鐘鳴

二十六年丁卯四月郡城霪雨大水灌城夏大旱

二十八年己巳閏三月雨冰大風折木

三十八年己卯贛縣水口山產紫芝七莖高三尺許

四十二年癸未郡屬大旱泉枯江竭

四十三年甲申郡城大饑道殣相望五月霖雨不止大水灌城城中可通巨艦瀕江田廬漂溺無算

四十四年乙酉江豘見於貢江

四十八年己丑七月十三日大星長二丈餘尾大逾尺燄赤如火芒曳數十星皆大如彈從西南北行刻匕有聲黑雲迎之而沒

五十二年癸巳贛南郡縣三四五諸月霪雨不止四月二十七八兩日暴風雷雨安遠會昌雩都信豐皆被大水五月十二十三兩日水及石城興國十七十八連日逮贛郡郡城東湧金建春二門水溢門不啓諸縣皆圮城郭壞廬舍浸田疇倉儲鹽埠湮沒不能

卒救大木皆拔起人畜溺死無算雩都石城水湧縣庭兩令灑淚拜天扣縣牌投之乃
稍定安遠地高素無水患亦發於山之巔溢湧如瀑布畦町渚崖幾無辨識

六十年辛丑大旱冬饑

乾隆元年丙辰八月西街火燒西津門城樓

二年丁巳十一月二十七日大雷電雨

八年癸亥二月初三連日大霜池有冰三十日巳刻晝晦烈風拔木折屋大雷雨雹是日
學使考試寧都石城文童考棚以新修不固懸爲倒場壓斃數十餘人學使金德瑛設
壇爲文以祭皆給衣頂

十二年丁卯自九月不雨至明年四月旱禾有至四月末方蒔插者

十五年庚午七月初九初十連日大雨如注江水泛溢城內西北隅皆成巨浸倒塌房屋
甚多

十六年辛未六月大水六鄉衝壞田禾各動公項賑卹

十七年米價陡長三兩二錢

十九年二月大由鄉下高樓劉氏晨起開門有山鹿突入其宅堂中供大士像鹿輒禮拜稽首馴伏不去商之數月後斃

閏四月十二日酉時有星自東流向西聲震如礮

二十四年己卯四月府城大疫夏秋雨水愆期十二月大雪木介晶瑩纓絡

二十五年庚辰九月揚洛地方虎害會營斃之

二十六年辛巳大有年

二十九年甲申西河水漲凡瀕河村落田廬皆被沖淹知縣李夢聰通詳撫恤是年十二月瑞雪連次盈尺

三十年乙酉五月米騰貴知縣李夢聰詳請糶借施濟價遂平

三十一年丙戌四境豐收

三十四年己丑十二月瑞雪積厚五寸

二十五年庚寅六鄉豐稔
三十六年辛卯十二月西城外火延燒民房舖舍知縣衛謀捐廉撫恤被災貧戶
三十九年甲午六鄉豐稔
四十二年丁酉六月濂溪書院方池白蓮開花紅鮮如錦
嘉慶五年庚申七月十六日大水注城高丈臺縣閣坡
十七年壬申五月十七日大水注城較庚申年高二尺
二十五年庚辰五月初一日東城外火延燒四十餘家
道光元年辛巳四月二十七日五星聚壁
三年癸未冬十月郡城瑞雪盈尺
十年庚寅郡城督學考院火
十三年癸巳夏五月大水
十四年甲午夏大水饑斗米千錢

二十四年甲辰郡城火延燒店鋪二百餘家
二十七年丁未道署甓園玉蘭樹成連理枝
咸豐二年壬子夏六月大水攸鎮沙地等處漂沒田廬無算
三年癸丑夏四月江水暴漲
十年庚申大水雲泉鄉芳村蕭姓漂沒房屋數百間
同治六年丁卯城外龜角尾民人郭世椿妻胡氏一產三子皆育
九年庚午正月西方有星下墜白光長數丈繚繞如草書月字踰刻滅二月大雨雹如拳
屋瓦秧苗多損是年六鄉豐稔

【同治】雩都縣志

（清）顏壽芝等修　（清）何戴仁等纂

清同治十三年（1874）刻本

祥異志

災祥

晉

義熙元年縣西二十里有金雞化為石

宋

建炎中民居火災及學宮

紹興四年甲寅秋七月大水

十六年丙寅大水城頹其半

元

至元二十七年秋七月水溢

延祐元年甲寅秋七月水溢壞民廬舍

二年乙卯夏五月大饑

至治二年壬戌大饑

明

正統五年庚申大饑

景泰六年乙亥饑

天順二年戊寅大饑

正德五年庚午學宮火

嘉靖元年壬午南薰門樓火

三十五年丙辰夏四月大水三日城不灌者僅北門

漂流民居過半三日始退越七日漲溢如前五月
疫大作是年饑
萬歷五年丁丑自五月不雨至冬十月疫大作九月
彗星見
六年戊寅大水灌城
十一年癸未譙樓火
十四年丙戌夏大水灌城漂沒民居
四十四年丙辰五月朔雨三日夜蛟蜃並出水高數
丈田廬漂沒民多溺死部使三院疏聞詔賑恤
四十六年戊午旱秋九月彗星見

天啟三年癸亥冬南薰門樓災

崇禎十二年己卯儒學東齋榴樹下生芝一本二朶如紫雲寶蓋數月不萎

十七年甲申大饑

國朝

康熙十八年己未南鄉嵛嶺水暴溢高數丈漂没田廬人畜

十九年庚申冬十一月彗星見西方經明年春没

二十九年庚午春二月大風雨雹西門城樓圮

二十四年乙亥冬譙樓火

三十五年丙子正月學宮桂樹花繁於秋

三十六年丁丑黃竹花有實大饑唐村里天雨粟盈寸黑稃而白實人掃食之

三十八年己卯學宮泮池蓮開並頭

四十二年癸未秋七月東鄉沙心天雨黑粟半日

四十三年甲申夏五月初二日大水二十九日復漲視前高六七尺城中通巨艦東西南三城圮官廨民居多偃米斗錢二百四十文

四十五年丙戌夏五月初二日大水灌城

四十六年丁亥冬十一月十二日地震自北而南

五十二年癸巳夏四月暴雨大水城不灌者北門公廨民舍多圮令盧振先虔禱乃退

雍正元年癸卯大水城不灌者北門禾已登不害

乾隆七年壬戌冬十二月彗星見自壁而室尾及奎婁明年正月始沒三月初一巳刻天晦雨雹大如栝夏饑秋七月大雷雨有赤鯉躍入大成門

十一年丙寅夏五月十日雨至於七月歲饑

十二年丁卯夏六月不雨至於七月歲饑南鄉出白土可食食有死者

十三年戊辰自正月雨雪後至於四月不雨播種多

失時

十五年庚午秋七月初九日暴雨自辰至酉禾豐流坑二處山裂水灌城陷東南隅初十日水猶漲城隍門樓自災城鄉漂沒田廬者蠲賑有差

十六年辛未夏四月二十八日暴雨南鄉嵛嶺水溢漂沒田廬二十九日大水浸西南門五月朔日食水復漲如前

十七年壬申春米貴斗錢二百有五十

三十九年甲午五月大水漂沒民居十之二三

五十一年丙午自四月不雨至七月稻無收米斗錢

三百有二十

五十二年丁未蟲災米斗錢三百有八十

五十七年壬子正月朔學宮丹桂大放

嘉慶五年庚申七月大水東西南城圮數十丈漂沒
民居十之四五官廨祠廟倒塌過半城不灌者北
門一隅十餘家而已奉
旨賑恤蠲免徵輸

七年壬戌十一月地震百餘里

九年甲子鹽貴斤至一百有奇

二十五年庚辰十月大疫民多死亡

道光十三年癸巳春夏霪雨連綿秋歉収

十四年甲午春大水四五月大饑饉米價騰貴斗錢壹千貳百有奇貧民採草根樹葉而食

二十二年壬寅七月初八日大水灌城四鄉漂沒田廬人畜無數賑恤有差

咸豐三年癸丑六月霪雨禾未登生芽三十日石城蛟發七月初一日大水灌城秋歉収

四年甲寅三月橋頭雨豆五月米貴斗錢四百二十

六年丙辰春彗星見於西北

十一年辛酉六月彗星見於斗八月始沒

同治二年癸亥春三月中、北鄉雹大如梧

三年甲子正月大雪竹木皆折

七年戊辰大有年

八年己巳四月初六日中、北鄉蛟發山裂衝破田廬
無數初七日大水灌城

五月西鄉差役曹某慣誣告唆訟傾人家產雷震
其屋一家六口壓死五人僅掣開一小孩係出繼
與人者

九年庚午八月初四日未刻有僑居贑邑黃岡之庠
生楊湘素行謹厚適往墟看戲忽霹靂一聲震死

者十六人湘在其內至酉刻獨活無恙人謂其謹厚之報

十年辛未春大旱播種逾時秋歉収

十二年癸酉大有年

論曰災異之告州邑多有或雩所獨見或不止雩所獨見然以天下之大而視一邑亦猶人身四體之一節窾也豈無幾之先見者耶至於寒暑燥濕之偏勝雖天時地氣使然然裁成輔相之道則在乎司牧者

矣

【乾隆】信豐縣志

（清）游法珠修　（清）楊廷爲等纂

清乾隆十六年（1751）刻本

五行

永樂十年壬辰春四月霪雨水漲入城高一丈五尺有餘已亥乙巳如之

正統元年丙辰秋七月郭外群虎晝遊傷人兩月乃息

十二年丁卯夏四月大水

天順六年壬午夏五月大水居民漂沒溺死者甚衆

正德十二年丙子正月居民火凡四晝夜學宫爲燼

嘉靖十六年丁酉秋七月大雨山漲驟至入縣堂露臺民居漂沒城圮十六七近河廬室蕩析存不一二

十七年戊戌春三月甘露降環縣數里五六日凝如珠夏大

旱歲入僅二分學前居民盡火

二十四年乙巳五六月不雨大饑斗米二錢

二十五年丙辰夏四月大水迎恩永興二橋俱衝圮永興橋即今慧

應橋

三十八年己未寶塔頂吐黑氣

三十九年庚申正月初五日下歷賊賴清規掠至城下水東

三月復掠縣界袁溥橋

四十年辛酉夏四月塔復吐黑氣賴清規復掠至城下居民

流離

萬曆四十四年丙辰夏五月大水三日乃退嘉定橋圮民居

蕩析

四十五年丁巳夏六月水亦如之

崇禎十四年辛巳秋七月十五夜地震是年冬十一月二十四日復震

十五年壬午秋八月哄傳馬硫精由廣東至龍定及信豐各鄉城居民皆聚一廳鳴鑼執械護防達旦四閱月乃息

十六年癸未定南樟田楊細徠以妖言惑衆南鄉一路有棄其父母妻子產業而不顧者往樟田從教爲亂事敗左叅議于公鉉督兵勦洗衆潰奔回鄉壁數送縣究治

國朝順治三年丙戌春正月雹大如杯屋瓦碎裂林中鳥雀

繫死殆盡三月狂風折屋拔木

五年戊子春二月寶塔吐黑氣如煙凡七日其夏五月陰雨不止斗米四錢

七年庚寅冬十二月十七夜地震

八年辛卯春二月雹大如盌

十一年甲午虎遍鄉村晝出傷人城市皆至

十四年丁酉春三月至秋八月旱川源皆涸斗米二錢

十五年戊戌夏四月大水

十八年春正月二十九日暴風狂吼折木拔屋春三月虎亂三五成群五月東鄉大風雨雹六月鐵石堡駝背山忽裂

康熙十七年戊午夏五月大饑斗米二錢餘

十九年庚申連歲豊稔

三十三年甲戌夏五月饑

三十六年丁丑夏四月饑斗米二錢五分

四十三年甲申大饑斗米二錢餘男婦扶老携幼乞食者甚衆死者數百人縣令張公執中發倉穀作米減價平糶每升六文民賴以生夏五月二十四日大水漲入城市至六月初一日始退

四十四年乙酉六月二十七日午時地震是歲大豊

五十二年癸巳洪水爲災

六十年辛丑大饑有餓死者

乾隆九年甲子五月初三四日大水

十五年庚午穀賤十二月十九日二十日雨夜大震電雨雹

軼事

晉葉率爲九江太守與兄大司馬混大守仲通避劉曜之亂奔豫章南埜東界率卒于襃山混卒于首方口仲通卒于烏漾灘皆今信豐地也故俱廟祀焉南康志

縣水南有瑞蔭亭亭前兩巨樟相去百餘步其高拂雲枝幹扶疎類煙霄中物亭以故得名紹熙癸丑秋大水浸縣鼓樓兩樟之間爲水淘洗露出一連理枝自東徂西長四十五丈

杖下去地丈許遂爲一邑奇觀夷堅志

呂大防家居時有僧踵門募化大防即諾以金錢僧曰願化公壽器大防覺其有異慨與之後爲相奪官流嶺南道經信豐南山寺疾作見壽器在焉疾卒即以此棺殮之舊志

邑有太子廟天落時知縣蔡自强欲毁之命典史亞鄒往馬蹄忽折乃自往輿復折遂止今血食之盛如故府志

國朝順治三年三月異風狂發水東東禪寺古栢四株連根拔起寺内曉鍾不擊自鳴張志

邑有鐵石堡山名駝背嶺近嶺住者三家順治間居民夢神告以嶺崩語之人因相率叩問土神一土人迷眩作神語曰

初十嶺裂十七日崩有兩主確信先徙去一主以爲妥也至初十日果裂十七日崩大風掀一婦人出五里坑口遇一樹力抱挽得救上下衣裳零掛殆盡嶺崩之土皆泥淖如醬沒其屋沉一女子樹木皆沒竹之高于樹者僅露其稍對面居人是日延塾師飭塾師因神之語惴惴懷懼令童子出門外瞻望對山若有搖動狀即喊叫童子方叫嶺動師奔出其崩土已飛至面前沒其身之半幸鍬鋤得及乃掘出沒田若干頃距崩嶺相近有砦名珍珠亦傳言裂開一縫此變之不嘗有者也

邑之城隍祠於康熙二年八月間其中棟歷無風雨自傾塌

直齊香爐墜下不損及爐若界斷然人以爲神靈顯應以上張志

十里堡生佛堂前有巳插禾田輪廣四丈餘于乾隆十六年辛未閏五月某日忽有丐者指示人曰此田將沉其夜果沉爲井深二丈餘水湧平塍

信豐縣志卷之十六終 外志

（清）崔國榜修　（清）金益謙、藍拔奇纂

【同治】興國縣志

清同治十一年（1872）刻本

興國縣志卷之三十一

祥異

唐武德六年癸未清德鄉東龕巖生靈芝五本高三尺許自此十餘年春三月芝草生僧淨行護以檻

按武德六年平㽘已省入贛故府志此條繫之贛縣然清德鄉東龕地在興國紀祥異者固不應遺

宋紹興四年甲寅水

嘉定十年丁丑旱

元至治元年辛酉潦蝗相繼

二年壬戌民大饑達魯花赤忽都必责糜於邑之大乘

寺飼餓者始四月朔迄五月中鄰封皆接踵至所活二十餘萬人

明成化二十一年乙巳大水壞民田廬

二十二年丙午疫

正德元年丙寅小除羅秬家婢淅米將炊其米粒粒自行元旦家產靈芝是歲丁卯秬中鄉試

二年丁卯地震大雷雨決瑞洲壩塔圮

嘉靖十一年壬辰大雪恆寒

二十三年甲辰秋大疫死者甚衆

二十四年乙巳夏饑七月大水山崩壞民田舍

二十七年戊申崇賢里竹生花而實
三十五年丙辰大水壞廬舍田畝極多
隆慶元年丁卯二月大雨雹夏大旱田禾不登
萬歷五年丁丑大旱自五月至十月收穫無十之三又
時疫大作死喪載路九月晦彗星見於西南方尾長丈
餘十二月乃滅
十四年丙戌四月大水與嘉靖三十五年同
十六年戊子十七年己丑十八年庚寅皆大旱米貴知
縣李雲龍發倉賑濟
二十八年庚子八月二十五戊時地震聲如車從東而

大

二十九年辛丑大旱疫

三十二年甲辰十一月初九夜地大震自後時震時止

踰月乃定

四十四年丙辰五月大水龍興橋第四址圮秋冬大旱

十月西門外火時西北風甚厲知縣蔡鍾有懼延燒入

城泣拜力救乃熄

四十五年丁巳五月大水壞惲院團一帶民田六月田

禾將熟淫雨不止

四十六年戊午三月縣署芙蓉二樹忽開百葉花各四

农是年春夏旱穀貴民饑發社倉平糶
按舊志發社倉後猶苦艱食乃出俸銀百兩買穀五
百石設法平糶饑民稍甦今附錄於此亦足知前明
穀價每五石值銀一兩卽爲饑歲矣
四十七年己未四月大水龍興橋壞城崩秋冬疫蔡令
鍾有捐施醫藥多有瘳者
崇禎十六年癸未十月雷震東方天裂數丈見白光如
電
國朝順治九年壬辰大饑民閒食糠麩野菜時戊子亂
後倉庾空虛莫有賑者

康熙元年壬寅大旱歲荒

詔免田賦十之三

四年乙巳夏大旱免田賦十之三

五年丙午十二月大雪一月道路不通

十三年甲寅塘石鄉民失火死者一百三十七人知縣

何士奇詳請蠲徭賑恤

十六年丁巳六月大水圮城百餘丈壞田廬

十七年戊午二月大疫歲饑斗米二錢

十九年庚申十一月西方一星芒數丈始出猶微後浸

大酉出戌滅者半月

二十年辛酉春夏大水田禾不登免田賦十之三

二十一年壬戌六月大旱歲荒

四十一年壬午秋冬不雨

四十二年癸未春夏連旱野無青草

四十三年甲申二月至五月霪雨城崩數十丈饑莩載道知縣張尚瑗出常平倉穀按戶發糶貧者戶貸穀三斗極貧者施粥於治平觀所全活甚衆

四十八年己丑七月十三夜有星長二丈餘尾大逾尺燄赤如火芒曳數十星皆大如彈從西南北行剡剡有聲黑雲迎之而沒

四十九年庚寅四月官舍桑樹產芝大如盤徑二尺色
黃歷辛卯壬辰每初夏長一臺累三臺
五十二年癸巳五月大水壞民田舍
雍正元年癸卯春大水壞民廬舍
六年戊申春夏疫
八年庚戌秋八月雨豆色赤
九年辛亥大稔稻一石二錢
乾隆元年丙辰自秋冬至明年春小兒痘疹疫甚
是年十二月二十一夜治平觀背火延燒觀前西街
七年壬戌六月十六日大水城崩一百九十六丈復造

之龍興橋圮鄉村溺死者無數

按孔志云龍興橋建於明萬歷間僅存遺址乾隆庚申徐令大坤因士民之請復行修造至是盡毀當水勢洶湧時民之嚇木騎屋而過者多斃於此水退屍横野岸興民自甲寅寇亂而後此其一大厄也

八年癸亥大饑十月治平觀背火與元年同

十五年庚午夏疫知縣孔興浙捐施丸藥

二十一年丙子四月大水壞民房

二十六年辛巳四月大雨江水泛溢冲塌房舍沙刷田畝知縣鄧蔚林詳請散賑

三十年乙酉歲饑

五十一年丙午五十二年丁未皆大旱歲荒

五十一年潋江書院後産芝三本山長南昌黎尊三折取其一是年邑中文武登鄉榜者二人尊三亦於是科獲雋

嘉慶二年丁巳春大水九月二十二夜治平觀前火延燒東西大街店房民舍

五年庚申秋七月大水

二十一年丙子旱竹壩福興陂上流源絕六月二十六日忽泉水自渠中湧出灌田畝無數

道光元年辛巳十二月十五夜西街火延燒獅子廳門首至王家祠門首

三年癸未九月瀲江書院桃花盛開

十四年甲午大饑邑令史孟和發常平倉穀賑濟又派紳首黄有章蕭用章王三元波出境採買減價平糶全活甚衆

咸豐元年辛亥四月方山地水暴發漂沒村民田畝

二年壬子冬月桃李花開結實

三年癸丑六月彗星見又田禾將熟淫雨不止穀生芽寸許貧民採狗焙以爲食

七年丁巳四月十八夜地震

八年戊午二月雨豆色赤

十一年辛酉七月彗星見

同治元年壬戌正月大雪凍折林木及鳥雀死者無算

又癸亥甲子乙丑連年各鄉村時見怪獸不知何名形似馬而小色白能食人童男女被噬者以百數

八年己巳二月二十八日晝晦歷午未申三時之久四月大水漂沒田廬無數

十年辛未正月大雪與元年同六月大水與八年同

【同治】安遠縣志

（清）黄瑞圖修　（清）歐陽鐸纂

清同治十一年（1872）刻本

祥異

一邑之中必有祥異雖地近於隘而自古迄今累積正繁昔箕陳禹範凡雨暘寒燠之時恒與貌言視聽之得失各以類應周內史謂陰陽之事非吉凶所生也吉凶在人宋景公有君人之言三而熒惑退舍德至可以弭災其信然乎是人事之轉移氣機其感召者甚徵凡水旱札厲以及符瑞怪妖皆足為恐懼修省之助惠廸從逆之徵也作祥異志

祥

明

隆慶元年蕪田之內嘉禾復生

三年六月里仁堡長沙崖紫芝五本

皇清

順治三年大有斗米三十文

康熙二十一年白雀見

雍正七年春正月雪花六出平地雪深五尺是歲大有

八年九年大有斗米五十文

乾隆二年丁巳八月初聚燕萬千擁其中一白燕飛舞

呪喃迴翔上下自午迄酉乃散

乾隆己酉年正月初一連日大雪深數尺

嘉慶丙子年二月初八大雪至初十日止其冬春微雪

歷年有之

同治三年正月十二日大雪連至二十六日稍霽積深數尺是歲豐稔

異

明

嘉靖十六年大水山石崩裂禾稼盡沒

二十四年大荒

三十六年雨雹是年賴淸規反

三十七年傳言妖至其狀似貓有穢惡氣侵人即死

四十五年大饑

萬歷四十四年洪水渰沒民居並壞田地衝崩羅星橋

皇清

順治六年饑斗米五錢時省城金王叛逆山寇竊發倉
虛鄰過凡屬食物皆貴民有倚墻立死者

康熙十九年龍泉堡山水陡漲渰壞民舍二十餘間漂
溺人畜無算

二十年四月長汐五龍堡忽天地昏霾溪流陡漲各
山頂吐氣湧水土石俱崩渰没民居漂去人物不計
其數

是年十二月二十八夜地震有聲

三十三年邑饑荒樹葉蕉頭食盡塗有餓莩知縣楊
汞和統合邑紳士富戶捐米煑粥於大興寺每名煑

三日或一二日不等是時來食老幼男婦日有千餘
施粥月餘乃止
五十二年自三四月霪霖不止至五月十三日洪水
發於山巔濫湧如瀑布畦町渚厓幾無辨識
雍正丙午夏旱苗多槁死
八年大雨雹禽畜斃死無數
乾隆六年十二月十六新龍堡杜姓火燬房二十六間
知縣吳昉勘報捐賑
九年四月三十日驟雨如注山水暴漲五龍堡長汝
堡等處被災共二百零三戶漂民房五百四十八間
淤民田二百一十七畝男女溺死者八人知縣何蘭

勘報發賑銀四百八十兩零

十年四月十六日雨驟水發平地陡長一丈餘城西南門外及永安灘江古田沿河居民被災共二百四十八戶衝倒房七百五十五間淤禾田三十八畝溺死男三人漂去幽房柩七副知縣何蘭勘報發賑銀四百九十兩零

十四年版石五龍等堡山虎搖擾人多爲其所噬行旅戒適樵採不通知縣董正重賞募善捕射者同縣兵鄉人一月連捕五虎卒獲一虎頭大嘴尖尾短而扁射虎者曰此最惡名彪故形異他虎群虎隨之彼肆爪牙饜人群虎乃食獲此彪虎患自止後果然

是年十月初三夜太平堡魏姓火燬房八間傷婢一口知縣董正勘報捐賑

濂江坊白蘭山右陂潭面路通熊嶺崩陷數丈下臨深潭令人眩目不敢久視日暮每見浮於潭者一大䝐豬父老曰此豬母精也常迷人於路推下潭而溺死者屢矣 舊志採輿錄

乾隆三十四年己丑大饑石米價至三千五百文知縣陳文豫勸令合邑紳耆捐貲往贛採買平糶

四十二年丁酉大雷雨獅子石等處山崩衝塌廬舍知縣林作楫查賑被水災黎

五十一年丙午旱至丁未連歲石米三千六七百文

途有餓莩丙午知縣王人作丁未知縣朋其珏開倉
平糶
六十年乙卯大饑大斗千二百錢民情擾攘知縣孫
樹勸令紳耆往贛汎舟告糴並請道憲給發照票沿
途無得阻撓星霜運載得保無虞
嘉慶三年戊午又饑知縣毛鯤循行舊政勸令富戶減
價平糶捐貲採買
九年甲子春雨纏綿鹽價騰昂每斤百二十文
十年乙丑十一月二十二巳時地震有聲河水及池
塘俱騰沸
道光二十六年六月十九日大雨如注龍泉堡山崩數

十處壅塞民田無算連年桃李秋華冬實梓生黃梨

冬笋成竹

咸豐元年夏淫雨連月田稻生蝝連年虎亂傷民畜無算有白晝入村市黑夜繞屋而吼者

三年三月二十三夜大雨如注九龍山湧水十八處平地陡長數丈衝倒城外民房店鋪無數古田石角車頭龍頭等處沿河三十里民田民房俱遭沉溺數十年來水災惟是歲爲甚

是年八月又地震

五年三月雨雹大如雞卵

八年八月中旬蚩尤星見於西南九月初旬始滅十

月髪逆圍城盖兵象之先見也

九年八月初旬二更後空中陡湧白氣長有丈餘自西轉東鎗炮之聲聯絡不絕稍頃狀如鎔錫墜落有數百點

十年蚩尤星復見是年髪逆復又圍城

同治三年五月初四夜大雨龍泉堡山崩數處壅塞民田數十頃漂没民廬壓男女數十口

四年正月二十一夜龍泉堡地震

五年虎亂雖附廓亦多虎患俞憲乃懸重賞數日連獲二虎虎患漸息俞自謂禱於城隍所致

論曰福生有基禍生有胎災祥見告天之所以仁愛

斯人也故春秋怪異必書有深意焉西山真氏云恃祥者未必不危戒異者未必不安此又在人之自思而得之 舊志唐相撰

（清）王衍曾等修　（清）古有輝等纂

【光緒】長寧縣志

清光緒三十三年（1907）活字本

長甯縣志卷首 禨祥志

疇範所垂庶徵備悉星以類從風箕雨畢爲祥爲異關民休戚 聖皇御宇河清醴溢石谿僻遠不知不識舜日堯天出作入息

禨祥

明

萬歷四十四年乙丑五月初一二三日霪雨不止蛟蜃並出一夜水高三丈

四十六年丁卯秋酷暑大旱民疫死者相枕籍九月東南方有著白氣一道長丈餘五更即現歷一旬始滅舊志

國朝

順治十二年乙未大有石粟錢百二十

康熙二十年辛酉大水壞田廬

四十四年丙辰大水

五十二年癸巳黃塘柯樹發花芳香如桂

五十八年己亥十二月朔長畬黃昏時聞有砲聲自東方至空墜一物有光大如鷄卵質如鐵甚熱有硫黃氣

（以上舊志）

六十一年壬寅飢野竹成實大如麥（據吳之章泛梗集增）

雍正元年癸卯六月白燕來（舊志）

三年乙巳夏雨雹大如雞子傷斃鳥獸甚夥秋大熟舊志

四年丙午正月地震池魚盡激至岸舊志

五年丁未正月有流星自東方來光焰燭天曳白氣如練長十餘丈旋轉而南舊志

九年辛亥大有年斗粟錢三十

乾隆元年丙辰劒溪起蛟潰田稼漂廬舍

二年丁巳十二月火毀縣治坊表延燒民居數十家

四年己未有海鰌泝河而上百十成羣秋大熟

八年癸亥冬有星孛於奎光芒如練

九年甲子竹實味如秫秋大熟俱舊志

四十五年庚子七月大水壞田廬漂沒人畜無算

五十九年甲寅飢次年春石粟錢四千知縣宛建侯詳
請平糶賑恤秋大熟

嘉慶九年甲子雨自春徂夏不止冬地震壞民居無數

十三年戊辰長旱大風拔木

二十年乙亥二月天雨粟三月雨豆鄩鄔大磬桂嶺等
保皆有之六月桂嶺大雨雹木葉盡脫禾稼不登

二十五年秋瘟疫盛行死者相枕籍有全家十餘口止
留一二者

道光元年辛巳大有年斗米錢百五十

八年戊子冬　聖殿初成次年二月有紫燕百十來翔於殿壁兩旁結成二巢哺子二十餘隻

十二年壬辰夏四月大飢石粟錢四千餘早禾大熟秋霜傷稼明年復飢

十七年夏雨連綿二十餘日城垣鼓裂傾倒傍城居民無恙亦不傷稼歲卒大熟

二十三年秋　文廟丹墀有木樨二株大可十圍西株開花東株結子是秋有雲氣繞其間早晚即現如是經月花放時香溢滿城撲鼻十里

舊志論曰機祥之事見於方隅關乎世運古今來垂諸

史册者班班可考上有仁聖之君則天有嘉祥之應我
朝郅治二百餘年大化翔洽日月合五星聚休徵不可勝
窮雖以長甯蕞爾而亦大有屢書至於栒香竹實白燕
飛翔紫燕來巢其氣象想有徵應官斯土者誠能任休
養撫字之仁盡勞來匡直之道以體君心者體天心將
雨暘寒燠之列於箕疇者方來而未艾也

【道光】寧都直隸州志

（清）黄永綸等修　（清）楊錫齡等纂

清道光四年（1824）刻本

寧都直隸州志卷二十七

廣德劉丙　纂輯
太平梁棲鸞

祥異志

寧都州

晉太元二十一年丙申正月社後木連理生丙申贛郡志誤作丙子

義熙元年乙巳白鹿江出白鹿故名見贛郡志

齊建元四年壬戌三月白虎見見贛郡志

唐元和七年壬辰五月暴水平地深三四丈

宋大中祥符八年乙卯金精石崖產瑞草松枝生瑞花知

縣邢芳繪圖以獻 見贛郡志

景祐三年丙子六月霪雨水溢

紹聖元年甲戌春疫夏大水漂廬舍

元符元年戊寅大旱巽江蒼龍拏黑雲晝見 見贛郡志

嘉定十年丁丑夏四月積澇巨浸五月旱蝗九月蝗害稼

見贛郡志

十五年壬午春正月疫旱種不入 見贛郡志

十六年癸未夏五月再旱苗就槁秋螟 見贛郡志

元大德二年戊戌水旱減田租十之三

延祐二年乙卯八月地震三日 見贛郡志

至元二年丙子自春至八月不雨大饑見贛郡志

至正七年丁亥災詔減租賦十之三見贛郡志

贛郡張志曰陽都志至元二年下有七年一條列於大德延祐之下誤也順宗初祚用舊元紀元至辛巳則改至正無七年疑七年當是至正元年

明洪武十五年壬戌春夏旱赤壤連境見贛郡志

正統九年甲子縣治暴水漂蕩公牒

十三年戊辰大水舟入城

成化四年戊子三江水合先是有三江水合狀元來之讖

明年春璜溪水作璜聲三日讖云璜溪聲如璜名賢出璜

坊邑人董越果進士及第見贛郡志

十九年癸卯七月甘露降於胡易家是秋易領鄉薦後登

第見贛郡志

宏治九年丙辰旱秋無獲

正德四年己巳秋禁鐘自鳴聲震城市見贛郡志

嘉靖九年庚寅夏四月大水舟入城市

十年辛卯秋九月禁鐘復鳴未幾鐘樓火見贛郡志

十一年壬辰八月太學生李玠妻一産四男見贛郡志

十二年癸巳大水漂蕩民居九月地震見贛郡志

十五年丙申八月月下五色雲見

十七年戊戌八月有星如火自東流西煙及虎陂下杉村

十月甘露降於小學栢樹味如蜜見贛郡志

十八年己亥霖雨連春夏四月彗星見五月詔蠲田租十之三是月雷震文廟柱

十九年庚子大荒

二十三年甲辰民多疾病

二十七年戊申大水舟入城漂蕩廬舍

四十年辛酉大水拱辰橋圮

四十四年乙丑冬至旦氣從泮池騰出如霧識者謂文運復興之兆見贛郡志

隆慶三年己巳甘露降於文明門（即今阜民門）城垣數十武時

如雹三月雷震奎光閣見贛郡志

萬歷五年丁丑秋彗星見經月始滅

十五年丁亥大水見贛郡志

十六年戊子荒冬疫

十七年己丑夏秋大疫死者無算時分守高公尚忠捐

俸施藥見贛郡志

十八年庚寅春夏荒民大疫見贛郡志

三十四年丙午趙朝魁妻王氏一百一歲詔旌表給坊米

辛酉志大年

黄穀義一百一歲枋辛酉志大年

嚴仲賢一百三歲　酉志大年

四十一年癸丑冬地震有聲見贛郡志

四十二年甲寅大饑巡按王公佐請贛寧淮南二米俱從改折留米二萬餘石於本地民深賴之

天啟七年丁卯大水平地數丈

崇禎四年辛未誥封奉直大夫謝昌顯妻宜人賴氏百歲建枋

十年丁丑雞翅生爪時有雞生爪魚生毛合縣駭之謠庚寅縣城破有婦產虎子兆喊而去有產笑和尚如像塑清

皇清

順治七年庚寅地震屋宇瓦皆動

十三年丙申大水冲破然石橋

十七年庚子六月寒有衣絮者

康熙十三年甲寅屋上生黑小蟲着人甚痛堂室中擧蓋

而坐

十四年乙卯山中竹結米有買人來市石數十兩

十六年丁巳大水漂沒近河廬舍

十九年庚申長星如匹帛見西南兩月

二十二年癸亥五月雨豆十月雨黑粟蝗蛹傷稼虎白日

熙八十一月大雪有凍死者上鄉民家產三猪猪各有三

口

四十三年甲申大饑

四十九年庚寅十一月朔旦平陽鄉瑣山一帶雪花著地

平薄如眼鏡弦稜微分六瓣瓣有直文又各分人字文連

年大稔

六十年辛丑旱

雍正十一年癸丑八月燕十數萬集西南郊蓮池七日

乾隆元年丙辰五月小佈竹篙嶺山水驟發衝塌房屋三

百餘間淹斃大小人口十二人壅壑田九十餘畝知縣鄭

昌齡捐錢三十千米二十石賑濟又詳請各憲發存庫漕耗銀一百六十七兩二錢零額圖義倉谷一百七十五石零黃陂社谷肆拾肆石助賑民賴以濟九月大街失火延燒店房民居共一百四十餘間詳請各憲賑濟動存庫漕項銀六十二兩六錢東關里仁社倉谷八十六石四斗民賴以濟

六年辛酉五月初四暴水是日長勝墟爭濟洗溺死者六十三人知縣鄭昌齡捐俸殮䘏

庠生曾思恒妻葉氏一百一歲建枋

乾隆十六年辛未彭先兆妻王氏年百歲枋表

十七年壬申謝虞一妻劉氏年百歲枋表
十八年癸酉謝應鑄母劉氏年百歲枋表
二十一年丙子劉玉與妻温氏年百歲枋表
二十九年甲申大水
三十二年丁亥選貢鄧珣妻王氏年百九歲枋表
三十四年己丑楊日萬年百四歲枋表
四十三年戊戌曾興作妻魏氏年百歲建枋
四十七年壬寅郭肅昭年百歲建枋
五十一年丙午旱疫
五十二年丁未夏大旱疫秋大熟

五十六年辛亥夏四月地震

五十七年壬子文庠生曾鏡五世同堂奉

旨區旌眉壽延慶

五十八年癸丑龔德揚五世同堂奉

旨區旌眉壽延慶

六十年乙卯監生鄧瀠水珣三子年百二歲建母子百歲

坊

嘉慶五年庚申夏旱秋七月十五十六十七連日雨州治

西鄉山水驟發城圮倒塌瓦房一萬八千九百三十間草

房一千二百四十五間淹斃男婦四千三百九十二名沖

破田二百三十頃三十一畝署州石讚部備文通報即日張中丞誠基馳至州城一面飛章入
奏當蒙
聖主軫念災黎
殊恩稠疊時東北一帶城垣俱遭沖倒被水甚重所屬之石城瑞金二縣壤地毗連支河相通石城縣城垣浸圮四十餘丈其餘各低窪處所田地房屋間有浸圮沙壓爲數無多勘不成災均經張大中丞查明分别撫卹照例每瓦房一間給銀八錢草房一間給銀五錢淹斃人口按丁口大小照例給以掩埋銀兩復留道府駐扎督查核實

題報上

聞摺詳藝文

按陽都舊縣志載祥異止於乾隆六年瑞金志止於乾

隆十八年石城志止於乾隆九年今仿府志體例創立

直隸州志凡祥異之未經

題達者概不登載蓋我

朝定制州縣晴雨米價長落地方有司有旬報月報季報

偶遇偏災輒得上

聞

賑貸撫卹備至往代恤民善政誠未有如我

朝之盡美盡善者而日月合璧五星聯珠諸祥瑞則又
勅廷臣毋庸宣付史館此所以重民事一民志之意薄海內
外無不周知故祥異所紀除舊志外惟於嘉慶五年
水災一條
十七年壬申庠貢生邱達才五世同堂奉
旨匾旌遐齡綿瓞
十八年癸酉熊子千百歲建枋
二十一年丙子國學生廖文光妻李氏五世同堂奉
旨匾旌眉壽延慶
蕭爾尚年八十五歲妻李氏年八十四歲五世同堂

二十四年己卯蘸雲青妻詹氏五世同堂奉
旨區旌眉壽延慶
王允富年百歲奉
旨建坊昇平人瑞

瑞金縣

元以前無考
明洪武十年丁巳大水衝入城市見贛郡志
嘉靖十三年甲午冬地震見贛郡志
十五年丙申大水
十七年戊戌旱

二十四年乙巳五六月不雨饑見贛郡志

二十五年丙午儒學泮池產二蟾蜍色白如玉見贛郡志

二十九年庚戌夏地大震見贛郡志

三十五年丙辰四月十八日大水平地深一丈雲龍羅溪二橋圮二十三日又大水田地廬舍漂沒無算見贛郡志

四十一年壬戌大水平地丈餘見贛郡志

隆慶三年己巳耆民湯撫田居產靈芝縣志未載從贛郡志增

萬歷十四年丙戌大水平地丈餘雲龍橋圮見贛郡志

二十三年乙未雲龍橋火延燒兩岸民房

二十八年庚子地震見贛郡志

四十三年乙卯饑知縣潛舜歷請發倉賑不給更求糴殷戶以濟民賴全生 見贛郡志

崇禎十六年癸未黑眚見狀如驢馬每從南方起至北漸沒緣屋有聲

皇清

順治四年丁亥四月暴水漂沒廬舍 見贛郡志

十八年辛丑水南高桂街火延燒南城樓及內外民居

康熙十二年癸丑北城外火延燒城內民房數百家

十六年丁巳朱大仁書舍產芝二本 縣志未載從贛郡志增

二十一年壬戌松竇庵甘露降四十餘日味如蜜僧采若

建甘露閣陽、都魏禮記見贑郡志

二十九年庚午冬十一月雪深三尺餘

三十四年乙亥春夏霪雨尋大旱禾盡槁九月二十七日始雨

三十六年丁丑大饑見贑郡志

四十三年甲申智鄉黃栢一帶多虎患

四十四年乙酉河背街火延燒屋舍百餘間七月地震

四十五年丙戌夏五月大水城郭橋梁田廬官廨衙倒塌半男女漂溺無數贑郡張志載四十四年

四十七年戊子二月二十九日星隕於南大如斗旋散作

小星墜地如撒

雍正元年癸卯七月大水田廬多壞

林殿英年一百二歲 縣志載龍巖籍年代未詳

乾隆七年壬戌十一月雲龍橋火延燒民房

十三年戊辰春旱四月始雨

十五年庚午春三月大水平地丈餘

十六年辛未夏五月大水

十七年壬申春大饑

十八年癸酉春霪雨夏旱

賴學遂妻朱氏年一百二歲建枋

吳日達妻楊氏年一百一歲枋表

四十九年甲辰劉元香九十六歲五世同堂奉

旨賜黃耇繁衍

嘉慶十一年丙寅李宏璧妻廖氏一百二歲五世同堂建

枋

十三年戊辰劉亘洲元香子五世同堂奉

旨賜眉壽延慶

二十三年鍾啟伊年百有二歲建枋

郎可質字旭来年九十五歲五世同堂

謝衍栢字雨青年九十三歲妻張氏年九十四歲五世同

堂

鄒學信字成五年一百一歲

謝重旭字日旦年八十二歲妻許氏年八十三歲五世同堂

孫文緒年九十一歲五世同堂

彭上起字崇軒九十七歲親見六代孫曾一百七十餘人

賴象詳年一百四歲詳義行

鍾士嘉妻廖氏九十二歲五世同堂

鍾遇京妻劉氏現年九十九歲

石城縣

宋大中祥符八年乙卯李朧石之崖産芝九莖（見贛郡志）

正德十一年丙子四月大水

嘉靖三十五年丙辰大水人口田廬多淹没

三十六年丁巳大水

四十三年甲子冬雪深三尺一月不消次年大稔

隆慶四年庚午魚滿江溯流而上明年大稔（見贛郡志）

是年虎盛行（舊志載）

萬歷二十六年戊戌九月火延燒民房以百計（見贛郡志）

二十九年辛丑疫

崇禎十五年壬午大水

皇清

順治五年戊子大疫 新舊縣志均未載從贛郡志增

七年庚寅洪水決城衝壞臨前數處 見贛郡志

八年辛卯五月大水虎盛行

康熙十年辛亥夏大水

三十六年丁丑大饑 見贛郡志

五十二年癸巳五月大水城墻圮沖破田畝廬舍人畜淹斃甚衆

五十三年甲午大水

六十年辛丑大旱

雍正五年丁未夏大水

六年戊申大旱

十年壬子南關城七姑廟鐘自鳴

乾隆二年丁巳黄承瑁妻李氏一產三男

七年壬戌春三月至夏四月不雨種不入知縣王士俍牒

告城隍免冠跪烈日中焚香祈禱經旬乃雨

九年甲子正月雨豆米二月復雨穀及米豆

黄士純字柱石年一百一十九歲

陳宗禮年百有八歲

邑庠賴子昂年一百三歲

范文星字明輝年一百一歲

陳雲所年一百歲

陳爲藩字儀鳳年一百歲

陳爲貴字爵元年一百歲

黃用敏妻陳氏年一百九歲

溫起瑞妻許氏年一百一歲

廖顯傑妻衛婦白氏年一百歲

熊宏德妻羅氏年一百歲

陳惟月妻賴氏年一百歲

溫立淵妻劉氏年一百歲

陳爲學字祇瑞年一百歲

張正可字孔行年一百二歲

孔子福年一百一歲

溫循學妻廖氏年一百歲

賴其輕字如軒太學生五世同堂奉

旨賜眉壽延慶

何忠梧字鳳侶貢生五世同堂奉

旨賜黃耇緐衍

羅正瑶鄉賓五世同堂奉

旨賜眉壽延慶

姜太傅字樂旋州同職五世同堂奉

旨賜遐齡緜瓞

陳一峯字騰光邑庠生五世同堂

劉朝梓妻節孝温氏年八十七歲五世同堂

【乾隆】龍南縣志

（清）永禄、廖運芳等纂修

清乾隆十七年（1752）刻本

龍南縣志卷之二十一

祥異

聖化遠被吏政無苛蝗不入境虎且渡河尭湯水旱咸世孔多佑於一德感名天和醴泉甘露龍僻幾何麒麟鸞鷟典冊無訛水火饑毀小眚徵疴用存慶惕并相灌磨作祥異志

晉

大元八年癸未南康大水平地五丈

十八年癸巳六月己亥南康大水深五丈

義熙八年自正月至四月南康郡地四震俱舊府志

永元三年十月甲寅辰星及太白俱見南方是日荆州長吏蕭穎胄奉南康王寶融起兵即帝位是為和帝府志見册府元龜

梁

大寶二年夏六月陳霸先發南康江水暴起數尺灘石盡没淳熙志

陳

大建七年乙未十二月甲子南康獻瑞鐘舊志

唐

龍朔二年南康景雲見舊省志

元和七年壬辰虔州暴水平地深四丈府志

宋

景祐三年夏六月虔吉等州水溺死者賜其家緡錢豫章書

政和元年虔州芝草生宋史五行志

紹興二年虔州霖雨連春不止宋史五行志

四年興國贛州江州皆水自夏及秋七月江西九州三十七縣皆水册府元龜

二十一年虔州産蓮同蔕異萼册府元龜

二十五年贛州獻太平水其文曰天下太平時綱目

乾道八年贛州江水暴出册府元龜

九年贛州又旱無麥苗秋贛州蝗豫章書

淳熙十一年四月不雨至於八月吉贛皆旱宋史五行志

紹熙四年自夏及秋江西九州三十七縣皆水豫章書

嘉定十四年江西旱贛州為甚府志

十五年五月不雨至七年贛州大旱府志是年秋贛州蝗五行志

元

至元十七年贛州蝗元史本紀

二十七年秋七月戊申江西霖雨贛吉袁瑞撫建皆水元史本紀

大德十年四月贛州暴雨水溢 元史本紀

延祐元年九月己巳贛州等路水溢 元史本紀

二年五月贛州等路饑 元史本紀

至治元年贛州霪雨 豫章書

泰定元年贛州南安等路饑 元史本紀

二年　月贛州饑 元史本紀

四年閏月贛州諸路饑 元史本紀

明

洪武六年癸丑十一月贛州民呂氏產白牡丹於氷雪中咸開 豫章書

天順六年大旱是歲饑府志

成化十一年大水浹旬沿江民居蕩盡

正德三年四月雨雹如拳黑風捲屋牛馬多被擊死江西通志

八年春至秋大疫民死亡過半府志

十年五月火燔延東南門樓次年又火延東廡門

十四年秋禾一稃二實府志

隆慶五年辛未四月洪水丈餘城圯漂沒廬舍

萬歷三年乙亥五月大水漂沒民居知縣王公繼孝請築
隄防

四十四年丙辰四月大水漂沒廬舍無數居民避居山坡

天啓二年壬戌濂水大發過桃渥二江水俱逆流數里民居蕩析

崇禎十三年庚辰八月十五日地水發縣治内外二十餘里盡爲澤國

十五年壬午訛傳馬狸精出于龍南信豐會昌飛語傳自閩廣遠近居民聚衆鳴鑼防護達旦數月乃息

國朝

順治二年乙酉上東門火延燒民居百餘家

三年丙戌二月十二夕大雨雹屋瓦碎裂林中鳥雀擊死殆盡

四年丁亥夏秋間禾苗出葱無收斗米錢五百道殣相望葱以形名也每從穗中抽出葱莖內更生小黑頭虫羽翼初成即齧莖盡始飛去今大龍新興此災恒有殆亦蟊賊之類歟

康熙元年壬寅贛州慶雲見府志

十六年丁巳二月二十五日大雨雹擊裂屋瓦鳥雀值之皆斃有暴風一股自西北衆城外民居當之者屋盡傾

十九年庚申二月初八日大雨雹視丁巳尤甚

三十三年甲戌大水民饑

三十六年丁丑饑

四十三年甲申二月燥熱如盛夏二十四日午未時風雨暴作寒氣砭人楊坊龍逕凍死者十八人他處不計春夏霪雨水冒城郭饑民困甚邑令鄭公世逢減價發糶常平倉穀力不能買者各給米一升民賴以濟百姓感其德立碑誌頌

五十九年庚子五月大雨浹旬邑西桃水漲發挾邑東渥水饑及女墻城内外民居傾圮數百家邑令徐公上詳院賑給之

六十年辛丑自五月不雨至於八月歲饑民多流亡次年乃漸復

六十一年壬寅大有
雍正四年丙午七月大水
八年庚戌春夏旱米價騰貴民饑邑令欒公瑜捕外邑米販及本邑壟斷者數人民始定
乾隆七年壬戌五月大饑民困甚邑令方公求義臧價糶常平倉穀民賴以蘇
八年又薦饑邑令方公求義復臧價糶常平倉穀以濟
舊志俞琳論曰春秋凡災異必書者畏天威而重民命也和氣致祥乖氣致異天人相與之際蓋不可忽故曰惟吉凶不僭在人惟天降災祥在德是故太戊修德而

桑穀枯景公發三善言而熒惑退舍責不在闔閭而在
民上矣

（清）孫瑞徵、胡鴻澤修　（清）鍾益馭纂

【光緒】龍南縣志

清光緒二年（1876）刻本

禨祥

周禮保章氏掌日月星辰之變動與其九土歲祲風雲物皆以辨而察之以詔救政故天文五行歷史書志恒首重焉歐陽子謂春秋不言事應申其義於唐書盡闢占驗之不經仍書五行禨祥之實於篇而不削是編亦竊比五行志之體謹就前志而芟其泛舉贛州者以徵一邑之實志禨祥

明

天順六年壬午大旱是歲饑府志

成化十一年乙未大水浹旬沿江民居蕩盡

正德三年戊辰四月雨雹如拳壞屋牛豕衆而死江西通志

八年癸酉春至秋大疫民死亡過半府志

十年乙亥五月火燔延東南門樓

十一年丙子又火燔延東廡門

十四年巳卯秋禾一稃二實府志

隆慶五年辛未四月洪水丈餘城圮漂沒廬舍

萬歷三年乙亥五月大水漂沒民居

知縣王繼孝請築隄防

四十四年丙辰四月大水漂沒廬舍無數居民避居山坎

按府志載是年同被水者郡城雩都信豐興國安遠

長寧會昌龍南等縣部使三院疏聞詔如四十二年

例改折淮兩二米餘縣俱從寬恤惟此則龍南亦在

寬恤詔內前志疑有說略考三院疏略云架筏於城垣之上縈纜於麗譙之間托寢處於屋脊寄柩櫬於棟梁夢華胥而魂泊波濤舉晨炊而臼還深甃蓋字字淚也

天啓二年壬戌濂水大發過桃渥二江水俱逆流數里民居蕩析

崇正十三年庚辰八月十五日地水發縣治內外二十餘里盡爲澤國

十五年壬午民間訛傳馬狸精出訛言傳自閩廣遠近居民聚衆鳴鑼防護達旦數月乃息

國朝

順治二年乙酉上東門火延燒民居百餘家

三年丙戌二月十二夕大雨雹屋瓦碎裂林中鳥雀擊死

殆盡

四年丁亥夏秋間禾苗出蟌無收斗米錢五百道殣相望

按前志蟌以形名也每從穗中抽出蟌莖內更生小黑頭蟲羽翼初成即齧莖盡始飛去今大龍新興北災恒有始亦蟊賊之類歟

康熙十六年丁巳二月二十五日大雨雹壞屋傷鳥雀纍

風自西北來當之者屋盡圮

十九年庚申二月初八日大雨雹視丁巳尤甚

三十三年甲戌大水民饑
三十六年丁丑饑
四十三年甲申二月燥熱如盛夏二十四日午未時風雨暴作寒氣砭人楊坊龍遷有凍死者春夏霪雨水冐城郭饑民困甚
知縣鄭世逢奉檄減價發糶常平倉穀力不能買者各給米一升民賴以濟立碑志頌
五十九年庚子五月大雨浹旬邑西桃水漲發挾邑東遲水幾及女牆民居傾圮
知縣徐上詳院賑給之
六十年辛丑自五月不雨至於八月歲饑

六十一年壬寅大有

雍正四年丙午七月大水

八年庚戌春夏旱米價騰貴民饑

知縣欒瑜禁外邑米販及壟斷者價始平

乾隆七年壬戌五月大饑民困甚

知縣方求義請發常平倉穀減價平糶民賴以蘇

八年癸亥又薦饑

知縣方求義復請發常平倉穀減價以濟

二十六年辛巳大有年

二十九年甲申十二月連次瑞雪盈尺

三十四年己丑夏四月米價騰貴

時因鄰邑販運米價騰貴[illegible]知縣黃汝源設法調劑

又勸邑紳士捐穀平糶民賴以安

五十一年丙午大旱

五十二年丁未四月大饑

五十九年甲寅歲歉

六十年乙卯春夏米價騰貴

知縣左方海勸紳士出米減價平糶民賴以濟

嘉慶元年丙辰歲大有

二年丁巳五月瀟江大水衝壞田畝

九年甲子六月渥江水漲自東坑至大穩牌等處衝蕩民

居數百家

知縣王鍾瑞捐廉賑恤鄉人感恩立匾誌頌

十年乙丑歲饑

十五年庚午十一月二十三日朝陽門火

二十四年己卯閏四月桃江水漲象塘大埠等處蕩析民居無數

署知縣劉繩武捐廉賑給鄉人德之立匾誌頌

二十五年庚辰自正月不雨至於四月大旱自六月不雨至於七月又大旱米價陡貴秋冬大疫

道光元年辛巳大有

舊志俞琳曰春秋凡災異必書者畏天威而重民命也和氣致祥乖氣致異天人相與之際蓋不可忽故

曰惟吉凶不僭在人惟天降災祥在德是故太戊修德而桑穀枯景公發三善言而熒惑退舍責不在閭閻而在民上矣

論曰洪範庶徵之列不外雨暘燠寒風五者天包乎地二氣相通吉凶休咎響應桴鼓歷觀前志所載災異曰水曰火曰霪雨曰大旱曰雨雹曰地震曰暴風傾屋曰寒氣死人大抵陽伏而不能出陰遁而不能蒸非有偏勝則有偏枯摶激衝盪極備極無徵應之機昭然不爽其或形而為螟為蝗為眚為饑為疫則又本此陰陽乖沴之氣以致之人為天地之心天地為人之體內經云善言天者必應於人善言古者必

驗於今善言氣者必彰於物知其所應而後可以識
天地之化而通神明之藴未咎敢忘消弭既咎敢忘
修省夫適然而應謂之數必然而至謂之理處適然
之數以修必然之理敬己勤民盡其在我即不語休
咎可也是故君子言人不言天

(清)楊柏年修　(清)黃鶴雯纂

【乾隆】石城縣志

清乾隆四十六年(1707)刻本

祥異

宋

大中祥符八年乙卯李臘石之崖產芝九莖府志

明

正統五年庚申歲大祲詔勸郡縣富民出粟賑荒應詔者旌之尚志

正德十一年丙子四月廿六至廿九日連雨大水尚志

嘉靖三十五年丙辰大水西門內水高齊屋城鄉溺死者不可勝紀次年丁巳復大水舊志

四十三年甲子冬雪深三尺一月不消次年大稔訂尚志

隆慶四年庚午魚滿江遡流而上漁者不施網罟次年大

豐舊志入紀事參府志

是年虎盛行

萬曆二十六年戊戌九月城中失火延燒過半不熄因取

石城縣牌投火牌燼火滅訂舊志

二十九年辛丑大疫舊志

崇正十年丁丑元旦日食舊志

十五年壬午大水舊志　是年秋禮上里賴必書家閹潔雄

雞生八卵

國朝

順治七年庚寅洪水決城府志衝壞隘前數處舊志

八年辛夘五月初三日大水虎盛行

康熙十年辛亥夏間大水衝斷隘上隄路割至北關門限深幾四五尺

康熙三十六年丁丑石城雩都瑞金龍南信豐大飢府志邑斗米二百文府志

五十二年癸巳五月十二日邑河橫流洶湧去堘口止一尺浸入城中壞廬舍墻垣漂沒四鄉田畝數十丈合圍大木皆拔起人畜溺死頗多邑令扣牌投水後稍定府叅志

五十三年甲午五月十二日復大水如前

五十六年丁酉郡城三潮井在郡廉泉旁井日三潮因名明末潮信不至見府志鳴聲如隱雷數日不息時張真人在郡占爲祥瑞是年本邑劉寅鄉試第一會昌王廷揚武榜復第一又本年七八月間邑學宮早暮常有紫氣祥雲籠罩殿角

六十年辛丑大旱

雍正五年丁未夏大水決衡北關外隘前路俗誤認龍頸處自此遂建木橋赴興隆街

六年戊申大旱

十年壬子十三年乙卯乾隆元年丙辰儒學訓導署前廳

墀有桃一樹三科大比每至八月花發如丹砂滿株艷
麗九月半後不謝數科人文頗盛
是年南關城上七姑廟鐘鳴
乾隆七年壬戌季春及初夏四十日不雨附郭鄉村艱於
播種穀價早暮疊增民情急迫 邑侯王 諱士俶齋肅
祈雨每日牒告城隍廟免冠跪暴日中燃香三炷盡乃
起如是者十日得雨
八年癸亥二月三十日郡試院歲試寧石二縣文童辰刻
暴風吹折考棚壓死邑童生一十八人寧都死二十餘
人 鎮臺章公 諱隆聞災領兵弁攜鍬鋤從頹垣溷土

中撤運兎桷救治殘喘　觀察朱公諱陵　太守汪公諱弘禧趨救流涕唁慰多方太守捐俸賻恤百有餘金又詳請動支帑銀死者給銀四両傷者二両親臨拜奠情詞凄切祭章云鳴呼呫嗶半生欲向芹宮發軔功名两字竟成旅櫬遊魂别父兄妻子而来購青衫於一日隨雷雨風雲而去含朱淚於九泉况屬揭陽名區琴江勝地或效白茅先生之孝或師熊麻父子之仁非唯文比棠梟學能實踐亦且才同温草志博群書挾策求名乃歲科之鉅典圖榮致死實文字之奇寃可憐棟折榱崩正在吮墨濡毫之際詎料蘭摧玉碎恰逢争雄角勝之時專誘其人之命數耶何以慰安夫骨肉轉思本府之罪戾也不應遷怒於儒生號地呼天童子皆吾赤子傷心慘目文風遭爾暴風江上剪紙招魂不乏喪明之卜氏塲中撫棺泣血須知短筴之顔回倘以臨履為慚悟附贅懸疣之言而此憾已釋如曰懷才未展想鼠肝虫臂之化而餘恨俱消盖生寄死歸者死亦仍靈果存順没寧焉没不爲厲咎將誰屬理固厥彰謹

具酒漿鑒此微忱合郡應試生童無不欽服隨移院試於府署西偏以竣試事復建文學祠於院署門左以妥幽魂學憲金公諱德瑛遺廣文致祭田螺嶺時死者俱殮此奠詞愷惻動人祭章云嗚呼始虹始電當少陽布德之時采藻采芹正多士觀光之會紫氣傍金精騰上青雲自樓蓋飛來睠此地靈方忻刮目倏然天變共切驚心白日旱瞑雷闐闐而交震黑風長吼雹轟轟而多稜文場四壁忽崩試席千行如沸推敲未徹乃生無望之災傾覆莫支實抱同人之痛隕文星於地下多折足而破顱掘秀骨於土中尚懷鉛而抱槧同時絕命屍橫絳帳之前旅邸招魂淚灑青氈之隊名雖爭乎蝸角死豈等於鴻毛路競號咷家傳凶聞倚閭增悵人人斷憶子之腸破鏡興悲處處作望夫之石誰無兄弟厲斷一行亦有婚姻烏瞻誰屋然而蘖降自天窮居定數開元名士題名甫畢而溺曲江熙寧舉人應舉方成而燼詞部斯文不偶自古爲然此事大奇於今復見長官愛士既致聘以恤存亡使者憐才更登書而稽名氏青衿遍給耶

慰孤靈白酒齊斟更陳俎奠所願忿中蠲忿憂處忘憂
死者有知尚記沒寧之學歸兮無緩須依附會之班
又給死者衣頂奔喪歸里　邑侯王公諱士倧亦各賻
贈憲恩優渥生者死者兩無憾矣續造試塲竹苞松
茂稱十三郡第一宏規固　各憲之倫極經營苦心而
前車後鑒亦往者之不幸來者之大幸也茲將災童姓
名附列於左

陳國謨　黃惟夏　黃九槼　熊亮　黃業廣
廖夢龍　賴調元　姜昌朝　楊枚　李時功
陳生寬　黃先畧　陳慶用　李大謨　賴顯嵩
李煥　賴應珣

是年四五月間斗米二百文　邑侯王諱士倧遵　郡守汪諱弘禧札多方勸賑城鄉好義之家出米減價發糶民賴以安詳見旌善

九年甲子正月上水鄭裡坊菌地二三處雨米及豆二月二十八日下水頭巾嶺龍岡𠤳裡三四處雨穀米及豆俱深赤色豆種土中苗三出長寸許無根

舊志無祥異專卷間見紀事中自順治八年前俱參府志與尚郭二志康熙丁丑癸巳兩條照府志增入以後只志本邑僅事其餘災祥無關一邑者悉闕不書黃明志

【同治】定南廳志

（清）王大枚、楊邦棟修　（清）黄正琅等纂

清同治十一年（1872）刻本

祥異

有降自天祥戾分迹景卿醴芝水旱疾疫隨所見聞

并著載籍孰異孰常可慶可惕

聖世階平鴻庥敷錫迎瑞召和消沴去厄十雨五風衢歌

壤擊化宇嬉遊永承膏澤志祥異

唐以前闕

宋

政和元年虔州芝草生　宋史五行志

紹興二年虔州霖雨連春不止　宋史五行志

紹興二十一年虔州產蓮同蒂異萼冊府元龜

紹興二十五年贛州獻太平水其文曰天下太平時綱目

乾道九年贛州久旱無麥苗秋贛州螟豫章書

淳熙十一年四月不雨至於八月吉贛皆旱宋史五行志

紹熙四年自夏及秋江西九州三十七縣皆水豫章書

嘉定十四年江西旱贛州爲甚府志

嘉定十五年五月不雨至七月贛州大旱府志是年秋

贛州螟五行志

元

至元十七年贛州蝗元史本紀

延祐二年贛州等路饑元史本紀

至治元年贛州霪雨豫章書

泰定元年贛州南安等路饑元史本紀

泰定二年贛州饑元史本紀

泰定四年二月贛州諸路饑元史本紀

明

洪武六年十一月贛州民呂氏手植白牡丹於冰雪中盛開

天順六年大旱是歲饑府志

正德三年雨雹如拳黑風捲屋牛馬多被擊死江西通志

正德八年春至秋大疫民死亡者過半府志

萬歷三十二年歲大饑縣令葉夢熊申請大發倉穀十二廒賑之舊邑志

國朝

順治七年十一月二十五日夜地震舊邑志

康熙十八年大荒民食樹葉知縣林堪詳上布政司王發銀二百兩贛南道任發銀八十兩賑濟饑民林令

又捐俸糴米煮粥賑濟舊邑志

康熙十九年大旱知縣倪長犀祈禱澍雨立應舊邑志

康熙六十年大旱自四月至八月始雨

雍正元年四月大水淹壞民居禾苗

乾隆　年大水衝倒沙頭圍

乾隆三十四年大饑民情洶洶都閫諾爾布巡檢孔時宜冒雨下鄉勸富戶捐賑減糴民賴以安

乾隆五十九年甲寅蝗秋九月隕霜穀不實

乾隆六十年乙卯春夏饑斗米千錢黃沙口八家捐米

施粥減價平糶知府景 裕運米二百石賑濟

秋大熟

嘉慶九年甲子大水陰雨連綿米斗五百文鹽每觔一

百二十文

十年乙丑米斗六百文

十二年丁卯十二月十九日申時天鼓鳴

十六年辛未七月彗星見西北至九月没

二十五年庚辰春夏旱少禾雜糧大熟民賴不饑

道光元年辛巳三月五星聚奎壁 大熟

二年壬午穀斗八十餘文

四年甲申四月明倫堂木芙蓉華

五年乙酉正月朔大雨雷　二月甲子大雨雹

三月黃姓民一産三男廖姓民一産二男一女

四月明倫堂木芙蓉再華一蔕五色

論曰天地大矣何所不有氣數之會有發之而爲祥有發之而爲異小視之不過爲適然之事大言之亦正自得其常然耳乃古今紀事於祥異必謹書之何也人處天地之中天地之祥異即

斯人之祥異其顯然爲災爲福者無論至於幽
而不可測遠而若無關而皆不出乎相與之際
先儒所謂春秋不言事應而事應具存固不敢
以爲適然而不念亦不可以爲常然而忽之故
公穀之說一以爲祥一以爲異謹戒之意於斯
至矣雖然何謂祥民和年豐斯爲祥何謂異民
訛年饑斯爲異

國家道化誕敷山陬海澨民德歸厚年穀屢穰間
或偶缺所以化導而補救之者又無不至惟有

祥之可書安有異之足錄然休徵協應太平之
盛美也小物失常君子亦存心焉況事沿往代
書在曩編彙記之以備觀風者之省覽云爾

卷之六終

祥異

道光六年夏大饑斗米千錢民食樹葉道殣相望

九年斗米七百錢

十一年四月黃姓人家木芙蓉滿樹花開

十二年大饑野多餓殍同知廣宣出常平倉穀八百石減價平糶並勸黃沙口富戶共捐穀七百担煮粥施賑救活饑民數千口

十四年夏大水淫雨連月

十五年夏旱秋螟晚稻歉收

十七年夏高砂堡黃姓書塾瑞蘭生一莖五朶每朶十二瓣大於常花二倍鮮潤馨潔經月不萎

十九年四月大水溪河泛溢漂沒民間廬舍數百區鵝公墟沿街店舖盡被沖塌

二十一年秋有赤光長三尺許狀如蛇虺現於天半自城西流向東南逾晷始沒

二十三年春日入後有白氣一道現於天際長十餘丈自南指北半月始沒

是年秋大疫士庶之家有一門男婦百數十口悉病沒

者親隣懼沾染徙避里巷爲空自七月盛行至九月稍息

二十七年冬地震聽之隆隆有聲若雷鳴遠近悉聞人家牀桌皆浮起二三尺牆壁搖動狀欲傾倒杯盤器皿多跌落在地食頃乃定

二十九年大饑斗米六百文無穀登南署同知李世琦開倉平糶民賴以安

三十年元旦日暈無光七月有紅黑氣橫亘天中狀如河漢而大倍之起東蟠西長與天竟十餘日始滅

咸豐元年君日中有黑子是年廣西盜起出犯湖湘

三年太白屢經天

六年三月雨雹大如鷄卵牛馬有被擊死者大風拔木偃禾民家屋瓦俱飛揭靡餘五月初二日復風災吹倒城內牆屋無數

聖殿瓦脊鼇魚悉拔擲於地

五月上旬連日陰霾四塞

七年春夏大饑斗米七百錢

九年大熱

六月初十日未申時有赤光團結如斗[illegible]流向東

南江廣閩浙數千里皆見

十一年春五星聚張

五月妖星出狀似彗而長大倍之初出光芒數丈從箕

宿起直射紫垣數夕後漸短縮六月始伏

同治元年城內廖姓人家雞生三足甫經宿即羽毛豐澤

雄冠距立籠罨市門衆庶聚觀

四年饑荒民多採食草根樹葉

五年亢旱自六月不雨至九月

六年大有年斗米僅百二十錢

按災祥之興多由人事感召左氏所謂人無釁焉妖不自作者也然祥桑一暮大拱雉升鼎耳而雊而太戊武丁終以復隆商業豈非遇災修省惕厲憂勤則有其變而無其應歟我

朝

列聖光承久安長治道暢入埏澤流萬寓宜乎休徵之丕著

上瑞之備膺何定以偏隅小邑自道光初元迄乎咸豐之季旱澇屢見怪異頻仍較前志所載啻　不知竟

水潦旱初無累乎明盛而持盈保泰至意 故沴戾潛消太和仍翔洽乎世宙焉

（清）黄鳴珂修　（清）石景芬纂

【同治】南安府志

清同治七年（1868）刻本

祥異

晉太元八年春三月南康郡大水平地五丈

十八年夏六月己亥南安郡大水深五丈

義熙八年自正月至四月南康郡地四震

陳大建七年十二月南康郡獻瑞鍾一

唐元和七年正月虔州山水暴漲深至四丈餘

大中初年州別駕獲六眼龜一夕而失

按南安未郡以前則列史所載皆難確信爲此邦之事而所収又不盡是史文則斑駁無章然舊志所有亦不忍盡芟也

宋大中祥符六年知軍事章德一獻芝草

紹興十三年南康縣雷雨羣狐震死岩穴中岩石俱碎

二十一年大庾無雲而雷縣堂震死者四人

乾道八年五月山水暴出是年夏民大疫

淳熙元年夏旱

紹興四年自夏及秋水

慶元六年五月大水

嘉泰四年五月不雨至七月

德祐元年上猶城中雞申酉時驚鳴羣飛向城北池溺死次年元兵屠城

郡治榖樹生節如人面

大庾聶都山茶磨石變事詳山川及物產志中

郡人夜聞鬼語往南京去

以上三條並至正間事俱闕年

明洪武十三年夏大水

二十二年冬大疫

二十三年南康縣四月不雨至七月

成化二年大庾產嘉禾是年南康大雨雹夏旱

九年文廟柱芝艸生

十五年芝艸生

二十七年秋七月南康大水

宏治八年冬大疫

十三年玉池蓮茂水浸之舊有水浸玉池蓮南安出狀元之讖

正德元年十二月南安地震

六年夏南康火

七年冬南康又火

十一年夏南康譙樓鍾鼓忽自動而鳴

十三年冬大雨雪平地深二尺

嘉靖六年夏南康火

七年夏南康又火

十年夏南康虎白晝入傳法寺

十年南康大旱

十二年八月上猶大雨

十三年上猶水

十四年上猶水

十五年南康南門江有巨魚長數丈溯潮而上是年南康旱自夏四月至秋月乃雨

十七年夏大庾旱

二十一年郡城災焚民居三千餘間橫浦橋元妙觀皆燬

二十二年大庾洪水壞田廬以千計

二十三年秋蝗是年冬南康大疫

自是年起至四五年上猶虎食五六百人

二十四年大饑是年上猶水

二十五年夏四月南康大水城傾三之一民廬多漂没者

三十年府教塲內一日聚三虎民搏之

三十一年夏四月南康旱至六月終乃雨

三十二年春三月南康雨雹

三十六年冬十月有物自贑來類猿色黑兩目有光近人

人輒病或有死者

三十九年夏五月有物如車輪色正赤降於郡演武塲是

年蝨
四十年有蛇長數丈自梅嶺來經演武場渡河至水口寺北去尋有流寇來自嶺外殺掠人以千計是年蝨郡恒雨
四十一年元日大庾火次日三日俱火共燬民居數百間
四十四年秋八月寶界寺僧厨木墩生枝
隆慶元年冬十月大庾火
二年冬十月大庾又火
三年冬十月十一月俱復火
四年甘露降於管界都陳氏園

萬歷二年夏大水橫浦墩圮

五年夏大水是年有物黑色類猿無質有光如目自嶺外來入人家喪六畜秋冬大疫冬十月郡城火橫浦橋及驛皆燬

十年冬十月郡東養濟院火窮疾民死者二人

十三年冬郡水南橫江壩火民居燬以百數死者二十有七人

十四年大庾大水衝沒田廬無算有物如牛大吼江中橫浦橋盡崩南康上猶崇義俱水

十六年梅嶺下一日搏三虎是年民多病

十九年南康傳法寺鐘自鳴三日
二十三年冬南康譙樓燬
二十五年二月南康雨雹是月南康狂風雷雨拔大樹木
是年七月大風飄蕩民居無算尊經閣敬一亭皆圮
二十八年八月癸巳戌刻地皆震
二十九年四月戊子大庾地震聲如雷是年大庾南康大
疫又南康巫家殯歌舞黃土潭民多截流觀多狂風忽
發覆二舟溺死者五十有七人
三十年有物如馬驪色日晡入上鄉民家人輒病
又有白氣現西如一蛇舞頭啖物是年大疫

三十一年夏五月南康旱秋七月饑是年冬十一月乙酉
戌刻四邑地皆大震
三十四年春正月大庾崇火出街市盡硫磺臭起滅不時
自初旬迄月終乃止
三十五年夏四月己未大庾地震是月大庾峯山民蔡某
見白物若蛇長二尺許横其廬次日水暴至蔡居衝没
爲溪澗是年冬十一月郡城東廣化寺左有黿長尺二
寸黒色踞於湛泉池基寺僧送之江明日復至復送之
歷三日乃已
三十七年南康城樓火西南城民居燬者以百數

四十四年夏五月南康大水東民居多漂没
崇禎五年冬十月天雨黑水
十五年夏六月南康烈風傾縣譙樓
十六年春南康水犬疫是年秋七月上猶大雨雹冬十二
月壬寅上猶地震
國朝順治三年春二月南康大雨雹是年秋大痕南康俱大
疫延至次春死者無算
四年夏四月南康雨雹大風拔木裂瓦城樓石坊及石頭
寺文昌塔俱圮
五年夏大饑斗米值五錢許民多死者

七年夏四月郡大水横浦橋崩是年冬十二月南康地震

九年冬十月南康虎晝入市攫人蓮塘爲甚

十四年夏四月旱是年秋南康大雨雹

康熙二年大庾樟斘横江大雨雹損田禾無算

四年南康夏四月不雨至秋七月

十五年粤賊據郡農民失業歲饑復大疫

十七年旱大饑

二十二年冬十一月大雨雪冰厚尺許後連歲俱大有年

二十六年大庾大水横浦橋圮

三十年大庾火焚民居百餘間横浦橋俱燬

三十二年大庾水
三十三年冬十一月大雪後連歲有秋
三十七年秋八月大庾疫
四十三年郡大旱自春三月不雨至夏六月終乃雨米石
三緡許道殣相望
五十六年有年
五十九年大有年
雍正三年大有年
七年五月大庾南康大水奉
旨發帑銀四千六百兩布政使李蘭散賑

又年大有年

十年五月大水報賑

十一年三月大水入城南門洞只露光如初月軍廳參將衙署傾圮府縣署亦浸丈餘府倉地高縣倉水淹五寸廬舍田畝壞者十之二三報賑

乾隆七年六月大水

九年四月晦聶都出蛟壞城橋冲廬舍田畝人口報賑

乾隆二十九年夏山水暴發上猶崇義山多裂上猶廟學及城皆圮湮沒民居無算南康亦水三江口漫衍墟市

三十三年大有年　以上仍舊志

咸豐四年五月洪水暴漲城中水深三四尺

八年秋七月彗星見西方光燄燭天旁有雲霧彌漫勢若曳練十餘日乃止是冬髮逆來寇十一月二十三日暴雨雷聲大震二十四日石逆陷水城三十日老城亦陷大肆荼毒屍橫遍地男婦老幼殉難死者無算或自經或自焚或投水溝瀆井塘無不填塞

九年楚軍蕭康訪督師由南康縣進剿韶州鎮統兵由南雄尾追兩路夾攻逆勢不支西竄桂陽郡城至二月始克復逃命難民雖陸續招集奈無居乏食瘟疫盛行死者相繼加以南康軍需晝夜搜捕氣象愁慘不堪逼視

十年髮逆自湖南同竄南安越小梅關趨信豐八月髮逆
又自湖南出大庾經小梅關犯信豐十一月髮逆又自
湖南擾崇義出大庾池江由楊柳坑長驅信豐大掠而
過地方顛沛流離民不堪命

同治三年八月初十日逆酋李侍賢自信豐撲攻梅關直
犯水城殺斃走不及之男婦百餘名口橫浦橋奎閣並
城外民居盡燬兵民登陴固守是晚驟雨雷電交作河
中洪水漲溢逆不敢渡翼日江軍門兵至王觀察劉總
鎮各統所部相繼至十四十五連日大戰李逆於東郊
我軍屢捷逆不敢復戰十六夜由南雄東入福建而遁

四年叛勇四竄知府黄鳴珂先事防堵不致入境五月至
十二月各軍駐劄南安米價騰踴
五年八月初旬暴風急雨驟至仰止坊傾演武亭圮河水
翻騰覆舟屋瓦俱飛民居破壞甚夥中旬復大風雨是
歲早稻豐收晚禾穫半
郡署東園椶櫚花上下參列如品字然
六年大有年雖九月初旬不雨至十二月不爲災早晚稻
大熟雜糧全收斗米錢二百爲數十年所未有
七年大有年雨暘時若郡署園樹産芝大如盂以上續增
紀祥異文援据天而非精於占候未易言之確然也

且方隅遼濶所應之遠近介在疑似惡知果爲某郡某邑乎至於水旱災祲雨雹氷雪類皆民命所關而郡邑氣數盛衰因之它若昆蟲艸木反其故常而妖祥之萌禍福之數有操左券而莫之或爽者皆可資攷古者之察識焉原跋

按事凡見於史者皆宜直摘史文其史所未有或見他書或本舊志均宜分析注明乃不混淆乃可徵信前志此篇頁屢互出新舊雜陳甚至編年紀月全倣史體而史文多所攙易尤爲不根茲稍更定正史所有而注明所出餘亦不盡删者慮其文雖僞而其事

或萬有一眞也　菁志

（清）楊錞纂修

【光緒】南安府志補正

清光緒元年（1875）刻本

祥異

唐

天祐二年乙丑夏四月庚子有星類太白上有光似彗長

三四丈色如赭辛丑色如縞或曰五車之水星也

宋

開寳八年乙亥彗出五車色白長五尺

雍熙二年乙酉冬大雨雪厚三尺江水冰合可勝重載

咸平四年辛丑正月丙寅太白晝見在南斗兩時沒　五

年壬寅三月丙午星晝出至南斗沒光丈餘

大觀三年己丑秋大庾芝草生

紹興二十二年壬申南康甘露降於縣治之古松

乾道二年丙戌六月乙酉月入斗八月庚申亦如之十一

月戊午月犯權星　九年癸巳旱夏無麥秋螟

咸淳五年己巳夏五月有星孛於南斗
祥興元年戊寅秋八月庚申月貫南斗
元
至元十七年庚辰秋七月太陰犯南斗　二十年癸未夏
四月秋七月皆太陰犯南斗冬十二月太陰掩熒惑
二十一年甲申秋九月太白犯南斗　二十五年戊子
秋九月熒惑犯南斗
元貞元年乙未夏六月江西諸郡大水民乏食命有司賑
大德二年戊戌秋七月大水　七年癸卯秋九月熒惑犯
南斗是年江西饑

延祐二年乙卯夏五月饑
泰定元年甲子六月大庾禾將實穎有物傷其莖一望數百畝皆然八月饑　二年乙丑夏四月饑
天歷二年己巳大饑有田之家盡室殍死
至順元年庚午饑
至正十一年辛卯秋七月己未太陰犯斗宿東第三星冬十月辛巳太陰犯斗宿距星乙酉太白犯斗宿西第二星　十六年丙申南康有星從東南流色如火芒如曳彗墮地有聲久之化爲石狀如狗頭　十七年丁酉七月甲申太陰入犯斗宿距星閏九月丙戌太陰犯斗宿

南第三星十月丁卯歲星太白熒惑聚會南斗

明

洪武四年辛亥熒惑留南斗　十五年壬戌九月熒惑犯南斗　二十三年庚午正月熒惑犯南斗

永樂二十二年甲辰九月戊戌有星見南斗大如碗色黃白燭地有聲如撒沙石

宣德六年辛亥九月熒惑犯南斗　八年癸丑八月熒惑犯南斗

正統十四年己巳七月熒惑入南斗

成化二十年甲辰大疫　二十一年乙巳秋七月南康大

水　二十二年丙午南康四月不雨至七月

按明憲宗成化在位二十三年黃志誤作成化二十七年秋七月南康大水兹采南康縣志改作二十一年大水

宏治十三年庚申夏大水南康水没城者六日

正德五年庚午夏南康火是年上猶縣署產芝一本於桂樹上　七年壬申冬大庾火　十二年丁丑上猶大水冲倒城牆數十丈　十五年庚辰春大庾火

嘉靖元年壬午五月大庾大水饑詔免田租之半　十六年丁酉冬十一月上猶大雨震雷雹　十九年庚子秋

九月熒惑入南斗　二十一年壬寅秋八月熒惑掩南
斗　二十二年癸卯秋七月熒惑入南斗　二十三年
甲辰夏六月熒惑犯南斗　二十四年乙巳春大癘大
疫　三十年辛亥秋九月南康大風拔樹裂瓦
萬歷五年丁丑冬十月彗星見西南蒼白色長數丈氣成
白虹由箕尾越斗牛逼女經月而沒　十一年癸未大
水大庾太平橋崩溺死者以千計　十六年戊子梅嶺
下一日搏三虎　二十九年辛丑上猶多虎連年遍擾
各鄉受傷及死者五六百人
天啟四年甲子夏大庾大水

國朝

順治元年甲申冬十二月壬寅上猶地震聲如雷　三年

丙戌大庾大旱自夏至冬不雨

康熙七年戊申南康大有秋　十一年壬子春大庾大饑

道殣相望巡撫董衛勘報奉

旨蠲免本年錢糧預發倉米賑濟　十三年甲寅夏南康夜

空中有火燭天自北至南而落聲如雷　十九年庚申

春正月崇義夜大風吹墮文峯塔頂　三十三年甲戌

夏五月南康大水　三十五年丙子崇義北門城樓火

四十四年乙酉上猶地震　五十年辛卯有年　五

十二年癸巳夏南康大水漂沒田廬　五十五年丙申南康田家產一牛五足中一足懸不踐地爲好事者購去　六十年辛丑夏南康大旱至閏七月乃雨九月嚴霜如雪禾不實是歲崇義亦大饑　六十一年壬寅上猶大有年

雍正四年丙午崇義大饑　五年丁未夏南康大水逆流入城是年四月南康南街火　七年己酉春二月南康蘇步井潮湧至井闌口兩時漸退　八年庚戌秋九月崇義產瑞穀每穗有三百餘粒至四百餘粒不等　九年辛亥崇義大有年　十年壬子夏四月南康甘露降

於縣署內知縣孫穀驗實上其事　十一年癸丑南康
芝産林必雲家必雲鄉之謹厚人也咸以爲善氣之感
云是年四月大水沒南康城尺許城東民居悉傾　十
二年甲寅春三月二十二日南康大雨雹合境屋瓦盡
裂麥菜等悉被壓折大饉
乾隆六年辛酉夏上猶大水城東門內深四五尺冲塌民
居無算知縣李鴻翔詳請賑卹　八年癸亥上猶霪雨
害稼歲大饑　十一年丙寅夏五月南康雨雹　十三
年戊辰上猶疫　三十六年辛卯冬十二月郡城丁字
街火　三十七年壬辰夏四月上猶大雨雹溝壑皆盈

三十八年癸巳南康大有年　四十二年丁酉南康雨雹大如拳　四十九年甲辰上猶崇義俱大水　五十一年丙午春霪雨夏南康旱自四月不雨至秋八月無旱稻秋收亦歉民大饑至次年春死者相枕藉大庾上猶皆旱冬十二月郡城丁字街火　五十二年丁未大庾饑大疫上猶亦饑秋九月上猶地震　五十九年甲寅崇義大饑　六十年乙卯南康饑

嘉慶四年己未秋七月郡城烈風震雷摧折府學大成坊並斃縣斗役父子二人是年崇義虎四出爲患　五年庚申南康大有年　十一年丙寅大庾橫浦橋火　十

五年庚午大水郡城内水深六七尺　十六年辛未上猶大水　十七年壬申春正月南康東大街火是年大庾橫浦橋亦遭火　十八年癸酉大庾旱自五月至七月始雨　十九年甲戌大庾水城東山門火燬關帝廟是歲大庾有年　二十年乙亥春三月南康地大震夏復大水　二十一年丙子春二月大庾雨雹是歲上猶城東五里盧公祠石磉產芝數莖　二十三年戊寅春二月大庾雨雹　二十五年庚辰夏大庾旱自六月不雨至八月秋大庾崇義俱大疫

道光二年壬午夏五月大庾火焚縣署捕署暨常平倉

三年癸未南康大有年　四年甲申郡城十字街火燬
店房一百餘間　六年丙戌大旱南康大有年　七
年丁亥冬十一月郡城丁字街火燬店房一百餘間
十二年壬辰夏南康大饑大旱米價亦昂　十三年癸
巳南康又饑　十四年甲午大旱夏五月南康上猶
崇義皆大水南康大饑道殣相望秋九月郡城丁字街
火燬店房一百餘間是年南康秋稼大熟　十五年乙
未南康有年　十七年丁酉南康有年　十八年戊戌
崇義秋旱　十九年己亥春二月南康龍迴大雨雹折
木縱横林雀皆斃　二十年庚子秋八月夜南康空中

有火大如車輪往西北流踰時而沒是年南康虎岡山鳴知縣王駉察之不得聲所出　二十六年丙午秋七月大庾水城康王廟前井鳴是月郡城火　二十七年丁未大庾水城東山門外火燬店房一百餘間　二十八年戊申崇義雷擊旗陽書院屏聯是歲崇義竹結米可食

咸豐三年癸丑南康城南樓火崇義火燬城隍廟頭門冬十月崇義桃李實　五年乙卯夏五月南康崇義皆大水漂沒田廬是歲崇義民許楚賢一產三男　六年丙辰春南康有二麂自南門渡河入城居民捕殺之是年

四月南康潭匯圍城有鳥數萬成羣不知何名聞戰炮聲輒迴旋於上後賊勢寖弱乃不見　七年丁巳南康大饑道殣相望　八年戊午南康南山鳴聲如牛吼聞數里近聽不知所出數夕乃止崇義雨赤豆　十年庚申彗星見於斗牛之間數夕乃沒

同治二年癸亥夏庾嶺南北雨菉豆如蠅頭大色紺碧南康賢女埠以南亦間有之拾而煮食入鍋皆化爲水

四年乙丑春三月南康大風拔木屋瓦皆飛秋八月初六日崇義雷擊大成殿西楹　六年丁卯上猶大有年油子雜糧皆熟　七年戊辰夏四月南康雷擊東街萬

壽宮門額不壞所刻萬壽宮三金字惟爲雷火灼黑
八年己巳春二月南康北鄉大水淹民田萬計秋稼大
熟　九年庚午夏四月大雨雹大者如碗青龍以上
數十里屋瓦多壞是月南康有麂自南門渡河舟人浮
水捉獲放南屏山中崇義禾生螟不爲災秋崇義大熟
楪子倍穫冬十月南康儒學西齋産芝一本廣徑尺色
金碧累三臺挺圍草中　十年辛未春南康旱三月南
康北鄉沙溪堡烏溪有田二坵水赤如血旋作紫黑色
腥臭異常四月南康儒學西齋復産芝一本秋八月南
康桃李華

按舊志跋云紀祥異而援據天文非精於占候者未易言之確然故於天象示變概不采録惟查星野志以南斗爲郡分野熒惑爲占候苟遇變異自應備載不必論其應驗也兹將各邑志所紀如熒惑入南斗之類仍爲采入

【民國】大庾縣志

吴寶炬修　劉人俊等纂

民國八年(1919)刻本

祥異

唐天祐二年夏四月庚子有星類太白上有光似彗長三四丈色如赭辛丑色如縞或曰五車之水星也時盧光稠加節度使兼制南雄韶州次年嶺南劉隱稱大彭王光稠與戰破之五車州之占候水者兵之象也

宋開寶八年彗出五車色白長五尺是冬南唐亡兆於是焉

雍熙二年冬十二月大雨雪厚三尺江水冰合可勝重載

大中祥符六年知本軍章德一獻芝草

大觀三年秋芝草生

紹興二十一年春三月辛未大雷雹震死經界司吏四人

乾道二年六月乙酉月入斗八月庚申亦如之十一月戊午月犯權星占曰女后憂明年皇后夏氏崩后宜春人也

八年五月山水暴出民大疫

九年久旱夏無麥秋螟

淳熙元年夏旱

紹興四年自夏及秋水

慶元六年五月大水

嘉泰四年五月不雨至七月

開禧三年二月癸丑月犯五車東南星己未火星退守權

星

嘉定十四年正月辛丑太白晝見二百三十二日乃伏

咸淳五年夏五月有星孛於南斗

元至元二十五年秋九月庚子熒惑犯南斗時嶺南賊董

賢舉兵剽掠韶雄南安江西行省平章事忽都帖木兒

討之不克江西行樞密使月的迷失請益兵

大德二年秋七月大水

七年九月辛未熒惑犯南斗是年江西饑
延祐二年五月饑
泰定元年六月禾將實穎有物傷其莖一望數百畝皆然
八月饑
二年夏四月饑
至順元年饑
至正十一年七月己未太陰犯斗宿東第三星十月辛巳
大陰犯斗宿距星乙酉太白犯斗宿西第二星明年徐
壽輝破江袁瑞饒信等州
十七年七月甲申太陰入犯斗宿距星閏九月丙戌太

陰犯斗宿南第三星明年陳友諒指揮王瑚據南安

明洪武四年熒惑晉南斗

正統十四年七月熒惑入南斗先是鄧茂七聚衆作寇命

金濂陳懋等率兵討之是年茂七中流矢死衆擁其兄

子伯孫爲渠帥官軍討之久乃克

成化二年產嘉禾

四年六月旱

九年文廟柱上生芝草

十五年春芝草生龍華山佛殿右柱太守張弼詩以紀

之

二十年大疫
宏治十三年大水浸及玉池
正德七年冬火
十三年夏六月有星自東南飛來其光燭天有聲是年
冬大雨雪平地深三尺
十五年春火
嘉靖元年五月大水饑詔免田租之半
十七年夏旱
二十一年郡城火災焚民居三千餘間橫浦橋元妙觀
皆燬

二十二年洪水壞田廬以千計

二十三年夏六月熒惑犯南斗是年諸郡饑庾邑秋螟

二十四年春大疫秋大饑

三十年冬教場一日聚三虎民搏之次年和平岑岡賊李文彪流刧大庾南康崇義都御史張煊討平之

三十六年有物自贛來類猿色黑兩目有光近人人輙病或有死者

三十九年夏五月有物如車輪色正赤降於演武亭是年蝨

四十年有蛇長數丈自梅嶺來經演武場渡河至水口

寺北去四月流寇入嶺剱大庾殺掠人以千計知府周
鏜敗之賊走南康至吉安臨江是年蝨郡恒雨
四十一年元日大庾火二日三日俱火燬民居數百間
四十四年寶界寺僧厨木墩生枝
隆慶元年冬十月火
二年冬十月火
三年冬十月十一月俱火
萬歷元年九月晦日彗星見西方形如白雲勢若曳練根
五丈餘濶三丈餘長約十丈由尾歷箕越斗度牛至十
一月晦乃止冬十月大雷雨雹桃李華

二年夏大水横浦橋圮

五年夏大水有物黑色如猿無質有光如目自嶺外來入人家喪六畜秋冬大疫十月郡城火横浦橋及驛皆燬

十年冬十月郡東養濟院火焚死貧難民二口

十一年大水太平橋崩溺死者以千計

十三年冬郡水南横江壩火民居燬以百數死者二十有七八

十四年大水衝田廬無算有物如牛大吼江中横浦橋盡崩

十六年梅嶺下一日搏三虎
二十八年八月癸巳地震
二十九年四月戊子地大震聲如雷是年大疫
三十年有物如馬驪色日晡入上鄉入家人輒病又有
白氣現西方如二蛇垂頭啖物是年大疫
三十一年冬十一月乙酉戌刻地震
三十四年春正月祟火出街市盡硫黃臭起滅不時自
初旬至月終乃止
三十五年夏四月己未地震是月峯山民蔡姓見白物
如蛇長二丈許橫其廬次日水暴至蔡居衝沒爲溪澗

四十四年夏五月淫雨蛟蜃并出水湧丈餘

天啟四年夏大水

崇禎五年冬十月天雨黑水

九年大饑各府縣城鄉爭相搶奪巡撫解學龍禁之弗得後以數人正法乃止

清朝順治三年大旱自夏至冬不雨大疫自秋至春不止

是年四月　王師取贛十月初十日　王師定南安

五年春夏大饑斗米千錢山寇閻羅宋犯郡城大肆殺掠官軍討平之時兵荒洊至里井空虛　大軍度嶺進取兩粵

康熙十一年壬子春大饑道殣相望巡撫董衛國勘報奉
特旨蠲免本年錢糧預發倉米賑濟
十五年三月十六日廣東將軍覺羅舒恕莽吉兔等避
粵藩亂自粵回駐南安頓兵城外堵塞梅關嶺南北路
不通者兩月四月二十日山冦余賢何興擁衆由庾嶺
刀背嶸入賊總兵王剳耳攻破二塘難民牛頭寨官兵
不支郡守張顯仁衆將宣成功同將軍舒莽等棄城奔
南康屯扎居民四散賊帥進據空城遣兵招徠設官置
吏盤據數月秋粵藩遣總管嚴自明及將軍郭義等兵
至逐山冦所立官另設城守府廳惟留攝縣韓佳縉冬

自明與　大兵戰屢敗奔回郡城自守次年三月自明暗遣人潛通將軍舒莽請兵恢復願爲内應郭義等偵大軍且至各分道遁去自明迎　大軍駐頓北郊兩日率領入粤是時甫經平定大饑大疫干戈擾攘瘡痍之民勞來安集張太守宣黎將不爲無力也

十七年旱大饑

二十二年癸亥冬十一月大雨雪冰厚尺許

二十三年有年

二十四年大有年

二十五年大有年

二十六年大水橫浦橋圮

三十年火焚民居百餘間橫浦橋燬

三十二年大水

三十三年冬十一月大雪

三十四年有年

三十六年大有年

三十七年疫

四十三年大旱自春至夏不雨六月乃雨斗米過二百錢道殣相望

按邑境山多田少穀不足食仰恃外運接濟米石二

三緡爲常黠商利災勢所固有此言斗米過二百錢
府志異載石米三緡較今歲近五緡之價尙爲平糶
然且至饑則毋前此豐樂穀賤傷農耶抑坐困皆不
事食力者耶固疑二三字有誤仍之以見務農重粟
宜講平時荒政雖善恐猶不免且見當時市價近古
不似今之昂貴無等使炊珠窮黎無災皆歲也

五十六年有年

五十九年大有年

雍正三年大有年

七年五月大庾南康大水奉

吉發帑銀四千六百兩布政使李蘭散賑

八年大有年

十年五月大水報賑

十一年三月大水入城南門洞只露光如初月軍廳衣將衙署傾圮府縣署亦浸丈餘府倉地高縣倉水淹五寸廬舍田畝壞者十之二三報賑

乾隆七年六月大水

九年四月晦日聶都出蛟壞城橋沖廬舍田畝人口報賑以上俱舊志

三十六年十二月丁字街火燬民居店房三十餘間

五十一年春淫雨五月旱十二月丁字街火

五十二年饑大疫

嘉慶四年七月烈風雷摧折府學大成坊雷斃縣斗役父子二八

十一年横浦橋火

十五年大水城內水深六七尺

十七年横浦橋火

十八年旱自五月至七月始雨斗米值錢半千

十九年東山門火關帝廟燬是歲有年

二十一年二月雨雹

二十三年二月雨雹

二十五年旱自六月不雨至八月米價昂秋大疫

道光二年五月火焚縣衙捕廳常平倉

四年十字街火燬店房一百餘間

六年旱

七年十一月丁字街火燬店房一百餘間

十二年米價昂

十四年旱斗米千錢九月丁字街火燬店房一百餘間

二十六年七月康王廟前并鳴是月火橫直街店房并廟俱燬

二十七年東山門外火燬店房一百餘間
咸豐四年五月洪水暴漲城中水深三四尺
八年秋七月彗星見西方光焰燭天旁有雲霧彌漫勢若曳練十餘日乃止十一月二十三日暴雨雷聲大震次日髮逆陷水城三十日老城亦陷
同治五年八月初旬暴風急雨驟至仰止坊傾演武亭圮河水翻騰覆舟屋瓦皆飛民居破壞甚夥中旬復大風雨是歲旱稻豐晚禾獲半
六年大有年雖九月初旬不雨至十二月不爲災早晚稻大熟雜糧全收斗米錢二百文

七年大有年雨暘時若郡署產芝大如盂

九年四月雨雹大者如椀青龍以上至二塘數十里屋瓦多壞

紀祥異而援据天文非精於占候未易言之確然也且方隅遼濶所應之遠近介在疑似烏知果爲某郡某邑乎至於水旱災祲雨雹氷雪類皆民命所關而氣數盛衰因之它若昆蟲草木反其故常而妖祥之萌禍福之數有操左券而莫之或爽者皆可資考古者之察識焉

【同治】南康縣志

（清）沈恩華修　（清）盧鼎峋纂

清同治十一年（1872）刻本

祥異

嘗攷六順致祥六逆致異蓋天人相與之際微矣南康在漢唐以前史乘闕畧有宋而後日蝕星隕之變甘露有年之瑞下及昆蟲草木之反其故常者無代無之渺茲彈丸固難據爲此邦卜休咎然執惠吉逆凶之説亦足以知民氣之盛衰吏治之得失雖曰天命豈非人事哉志祥異

晉太元八年春三月南康大水平地五丈

十八年夏六月己亥南康郡大水深五丈

義熙八年自正月至四月南康郡地四震

陳大建七年十二月南康郡獻瑞鐘一 以上府志

按南安未郡以前則列史所載皆難確信爲此郡之事而所收又不盡是史文則斑駁無章然舊志所有亦不忍盡删也蔣府志跋

宋雍熙二年冬大雨雪厚三尺江水冰合可以勝載綱目

咸平四年辛丑正月丙寅太白晝見在南斗兩時沒舊志

五年壬寅三月丙午星晝出至南斗沒光丈餘舊志

紹興十三年雷雨羣狐震死岩穴中岩石俱碎府志

二十二年甘露降於縣治之古松舊志

乾道九年秋螟

元元貞元年乙未六月江西諸郡大水民乏食命有司賑舊志

天歷三年大饑有田之家盡室殍死舊志

順帝十六年有星從東南流色如火芒如曳彗墮地有聲

久之化爲石狀如狗頭舊志

十七年十月丁卯歲星太白熒惑聚會南斗是歲元亡

明洪武十三年庚申夏大水舊志

二十二年冬大疫府志

二十三年四月不雨至七月府志

永樂二十二年九月戊戌有星見南斗大如碗色黄白燭地有聲如撒沙石

成化二年丙戌春三月大雨雹夏旱

四年戊子夏城西吳登謙家盆蓮雙葩並蔕

二十一年乙巳秋七月大水漂民田廬鹿鳴鄉尤甚

二十二年丙午四月不雨至秋七月乃雨

宏治庚申夏五六月大水沒城者六月

正德元年丙寅冬十一月府志作十二月地震

五年庚午夏火府志作六月自蘇步坊至雍和坊民房悉燼

六年辛未夏火

七年冬又火

十一年丙子夏縣譙樓鐘忽自動而鳴是年謝志珊逼城

有司多方戒備鎔鐵以淋賊車因毀是鐘俱舊志

嘉靖六年夏火

七年夏又火俱府志

十年辛卯夏虎白晝入傳法寺舊志

十一年大旱府志

十五年丙申晨五月雨雹有巨魚長數丈遊學前江中揚

鬣至蓉江門復順流而下六月城西民吳可彌家甘露

降於樹蘭凡七日舊志是年旱夏四月至秋　乃雨府志
二十三年秋螟是年冬大疫府志
二十五年夏四月大水城傾三之一民廬多漂沒者府志
三十年辛亥秋九月大風拔樹裂瓦猛號駭人舊志
三十一年夏四月旱至六月終乃雨府志
三十二年癸丑春三月大風雷雨雹
三十三年甲寅夏五月劉氏南莊池蓮雙花並蒂而實蔡
世新題其池亭曰瑞蓮俱舊志
三十六年冬十月有物白額來類猿色黑兩目有光近人
輒病或有死者府志
萬歷五年十月戊子彗星見西南蒼白色長數丈氣成白
虹由箕尾越斗牛逼女經月而沒舊志

十九年傳法寺鐘自鳴三日

二十三年冬譙樓燬

二十五年二月雨雹是月狂風雷雨拔大樹木是年七月大風飄蕩民居無算尊經閣敬一亭皆圮

二十八年八月癸巳戌刻四邑地皆震

二十九年四月大疫是年有巫家殯歌舞黃土潭民多載流觀之狂風忽發覆二舟溺死者五十有七人

三十一年夏五月旱秋七月饑是年冬十一月乙酉戌刻四邑地皆大震

三十七年城樓火西南城民居燬者以百數

四十四年夏五月大水城東民居多漂沒以上府志

四十八年庚申夏彗星見舊志

崇禎五年冬十月天雨黑米舊志按府志米作水
十五年夏六月烈風傾縣譙樓
十六年春水大疫俱府志
國朝順治二年乙酉冬晝東北白氣一道沖霄起至西南止
三年春二月大雨雹秋大疫延至次春死者無算
四年夏四月風霾雨雹拔木裂瓦西門城樓及進士劉昭
文石坊石頭寺文昌塔俱圮俱舊志
五年夏大饑斗米值五錢許民多死者府志
七年冬十二月地震
九年秋九月王在鎬家園榴七花並蒂大如毬俱舊志
冬十月舊志作十年癸巳下不紀月虎白晝入市攫人蓮塘爲甚府志
十四年夏四月旱秋大雨雹府志

康熙三年甲辰冬彗星見

四年乙巳夏四月不雨至秋七月乃雨

七年戊申春夜有星如鎗自西指東是年大有秋

十三年甲寅夏夜空中有火燭天自北至南而落聲如雷

十五年丙辰春粤賊入寇民失業饑復大疫俱府志

三十三年夏五月大水城東舍傾以百數舊志

四十三年甲申春旱自三月不雨至夏六月中乃雨米石

三緡許道殣相望舊志作斗米錢二百未爲昂貴姑從府志

四十六年丁亥縣廨集一雄雉握粟呼之飲啄自如飛去

復來率以爲常

四十七年戊子秋七月夜雷震南山是年黃瑋李曰謨領

鄉薦

四十八年己丑縣廨榴萼團結而華大如拳豔若火兩月不凋

四十九年庚寅夏六月縣署盆蓮一枝雙蒂其花左九瓣葯十七右十瓣葯二十應奇偶之數云冬大雪俱舊志

五十年有年府志

五十二年夏淫雨月餘大水沿河漂沒田廬

五十五年丙申田家產一牛五足中一足懸不踐地爲好事者購去俱舊志

五十九年大有年府志

六十年辛丑夏大旱至閏七月乃雨秋九月嚴霜如雪禾不實

雍正二年甲辰卿雲見

三年乙巳藍田渡覆溺二十餘人

五年夏大水逆流入城是年四月南街火延燒鋪舍百十餘間俱舊志

七年春二月蘇步井潮湧至井闌口兩時漸退舊志是年五月南康大廒大水奉

旨發帑銀四千六百兩布政使李蘭親臨散賑通志是年各處黃竹開花結實如麥

十年壬子四月甘露降於縣署內瑞露軒是時天朗氣清自空而墜承以掌咊之甚甘知縣孫穀驗實上其事因時禁頌祥瑞上臺未敢以

聞是年雷復震南山泮宮遍地草發紅花是科領鄉薦者文武共六名文則何琦林大烱王永選王崇瑋武則李曰

講賴勣舊志

十一年癸丑芝產林必雲冢與盈繭並茂人咸以爲善氣之感云蓋必雲鄉之謹厚人也安分守己常勸人勿作非分之想而人亦化焉然則芝蘭之並瑞豈偶然哉

是年四月久雨大水沒城尺許城東民居悉傾

十三年甲寅三月二十二日大雨雹合境屋瓦盡裂麥菜等物悉被壓折大饑

乾隆七年夏六月大水

十一年夏五月雨雹

十七年夏石米銀三兩民無憂色俱舊志

二十九年甲申大水漂沒民廬塘江尤甚舊志三江口漫衍墟市府志

三十三年大有年府志

三十八年大有年

四十二年雨雹大如拳

五十一年丙午旱自夏四月不雨至秋八月無早稻秋收亦歉民大饑至次年春死者相枕藉

五十五年北鄉南艮村民鄧春山以五世同堂報縣請給昇平人瑞匾旌其門

六十年乙卯歲饑匪棍擾奪知縣劉敬熙立斬倡亂五人首梟示以安

嘉慶五年大有年

十三年夏五月大水

十四年水南村民劉其忠年登百歲子四皆近古稀欲爲

呈報其忠執不可曰吾儕小人盧沐
昇平雨露百年於茲受賜多矣敢邀
恩典乎後至百有三歲乃考終
十七年春正月東大街火
二十年乙亥春三月地大震屋爲搖動夏復大水
道光三年癸未春秋稻俱大熟大有年以上俱舊志
六年丙戌大有年以下新增
十二年壬辰夏大饑石米錢八千匪乘搶奪知縣劉有慶
立拘首亂數人斃杖下令各鄉紳富設廠賑濟戸給丁
口門牌按口許糴食米一升貧富稱便
十三年癸巳又饑斗米錢七百餘
十四年甲午夏四月日暈色黑五月大水塘江漂沒田廬

尤甚是年復大饑米石錢八九千道殣相望秋稼大熟

十五年乙未有年

十七年丁酉有年

十九年己亥春二月龍迴大雹折木縱横林雀皆斃

二十年庚子秋八月夜空有火大如輪往西北流踰時而沒是年虎岡山鳴如殷雷知縣王駉察之不得聲所出

三十年庚戌沙溪堡民楊瑞庭壽百有三歲卒

咸豐元年辛亥文峰堡贈君張受連妻宜人黄氏年九十一歲親見孫曾滿百五世同堂

三年癸丑城南樓火

五年乙卯夏五月大水陡漲數丈沿江田廬漂沒殆盡

六年春有二麂自南門渡河入城民捕殺之是年四月潭

匪圍城旋有不知何鳥數萬成羣日間戰礮聲輒迴翔
於上鄉勇誇爲神兵之助云後賊寖弱不復見
七年丁巳饑斗米錢六百大兵之後繼以凶年有田之家
無宿糧多採草實穇穄粃煮食殣者相望
八年戊午夏五月長星見是年南山鳴聲如黃牛聞數里
近聽不知所出數夕乃止冬十一月石逆陷郡城
十年庚申彗星見斗牛之間長丈餘芒入三台逼紫微垣
數夕乃沒
同治元年冬十二月不雪而凍冰厚尺杯酒頃冰
同治二年夏庚嶺南北雨菽豆如蠅頭大色紺碧賢女埠
以南亦間有之拾而煮食入鍋皆化爲水
四年春三月大風拔木屋瓦皆飛

七年夏四月雷擊東街萬壽宫門額碑不壞所刻萬壽宫
三金字爲雹火黑
八年春二月北鄉大水淹民田萬計秋稼大熟是年東鄉
民王宣蘭年登九十四歲終
九年庚午冬十月儒學西齋産芝一本廣徑尺色金碧界
三臺挺園草中訓導熊聯珠作記名軒知縣沈恩華著
瑞芝説一時官紳題詠成帙學使何廷謙爲之序是年
四月有虎自南門渡河舟人浮水捉獲放南屏山中
十年辛未春旱既立夏未稼三分之一三月候如伏暑知
縣沈恩華虔禱甘霖大沛是月北鄉沙溪堡烏溪有田
二坵水赤如血旋作紫黑色腥闻異常同月儒學西齋
復産靈芝一本

夏五月武生李雲春報其祖母邱氏年登百歲四世同堂

秋八月桃李華

南鄉民蕭喬柏妻曹氏壽百一歲縣給以匾

紀祥異而援據天文非精於占候者未易言之確然

也且方隅遼闊介在疑似惡知果爲某郡某邑乎至

於水旱災祲雨雹冰雪類皆民命所關而郡邑氣數

盛衰因之它若昆蟲草木反其故常而妖祥之萌禍

福之數有操左券而莫之或爽者皆可資攷古者之

察識焉 舊府志 舊跋

【光緒】上猶縣志

（清）葉滋瀾修　（清）李臨馴纂

清光緒十九年（1893）刻本

災祥

唐

天祐二年夏四月庚子有星類太白上有光似彗長三
四丈色如赭辛丑色如縞或曰五車之水星也

宋

祥興元年秋八月庚申月貫南斗至乙丑夜天狗星大
如斗西北流有小星千餘隨之聲如雷數刻乃巳
章志殘本於祥興前載咸淳五年星孛南斗祥興
後載元至元十七年七月二十年四月七月皆太
陰犯南斗十二月太陰掩熒惑二十一年九月太

白犯南斗二十五年九月大德七年九月明洪武十五年九月二十三年正月宣德六年九月八年八月皆熒惑犯南斗正統十四年七月嘉靖十九年九月皆熒惑入南斗二十一年八月熒惑掩南斗二十二年七月又熒惑入南斗二十三年六月又熒惑犯南斗既星野志以南斗爲縣分野熒惑爲縣占候自應如章志備載今錄附於此

元

至正二十五年正月十二日夜有彩雲五色擁於月下

明

正德五年縣署桂峯亭産芝一本於桂樹上

十二年霪雨不止洪水泛溢崩圯城隍數十丈城中舟行四達漂流廬舍溺死者甚衆

嘉靖十三十四年大水人畜溺死甚衆田禾皆被湮沒

十六年冬十一月大雨震雷電

二十三年饑多虎災

二十四年大水城垣廬舍皆傾人民被溺且多虎災歲大饑斗米銀四錢邑人張器捐穀賑救全活甚衆

二十八年地震

二十九年虎災連年羣虎遍擾各鄉傷及死者五六百

人甚至舟泊水中及望寮守蔬圃者俱被啖噬樵牧商旅裹足倉皇時邑令吳鎬蒞任聞而惻然乃設壇祝禱於是鄉民三獻虎於庭患稍息

三十一年地震

三十二年春虎復出邑令吳鎬復建醮祈之患始除

崇禎十六年癸未秋七月朔大雨雹冬十二月地震

國朝

順治元年冬十月己丑彗星晝見東北方光如電十二月壬寅地震聲如雷

康熙七年正月丙寅夜有白氣如練從西北起直亘東

南長數十丈
四十三年饑
四十四年地震
六十年夏旱邑人胡運煜曾查曾訓盛等買穀數百石
碾米減價出糶貧民賴之
雍正十二年童子里水署府翟光庭奉文賑卹有差
乾隆五年營前水邑令李鴻翙勘報奉文賑卹有差
六年夏邑大水城東門內深四五尺冲塌民居無算邑
令李鴻翙奉文賑卹有差
八年霪雨害稼歲饑邑令冏肇岐權宜開倉借賑

二十九年夏四月大水平地丈餘城內外民居坍者過半邑令左梅勘報奉文賑卹有差

三十七年夏四月大雨雹溝壑皆盈

四十九年五月八月大水

五十一年旱

五十二年饑斗米錢三百餘九月地震墻屋皆動

五十四年六月二十九夜有星自西北過東南光如電

嘉慶十六年大水

二十一年邑東五里盧公祠石樑產芝之數莖邑令張國鈞詣祠觀之

道光十四年五月大水饑斗米錢八百文
咸豐二年秋彗星見西北方

【光緒】崇義縣志

（清）廖鼎璋纂修

清光緒二十一年（1895）刻本

祥異

自董仲舒治春秋推陰陽以記祥異後世述焉易曰幾者動之微吉之先見者也周內史叔興曰吉凶由人宋公之言仁而熒惑退舍殷王之政理而桑穀去庭天道遠人道邇盖可忽乎哉志祥異

明

萬歷十四年大水節府志

二十八年八月癸巳戌刻地大震節府志

三十一年冬十一月乙酉戌刻地大震節府志

國朝

康熙十九年庚申正月十六夜大風墜文峰塔頂 節府志

三十五年北門城樓火 劉志

六十年邑大饑 前志

雍正四年邑大饑 前志

八年九月産瑞穀每穗有三百餘粒至四百餘粒不等 通志

九年大有 通志

乾隆八年邑大饑米價騰貴 前志

九年四月晦聶都出蛟 節府志

二十九年夏水暴發山多崩裂 節府志

四十九年大水　汪志

五十九年邑大饑　前志

嘉慶四年虎四出為患　汪志

十九年米價昂邑人採粉石以食　汪志

二十五年米價昂大疫　汪志

道光十四年春斗米千錢夏五月大水漂没田廬甚多　汪志

十八年秋旱　汪志

二十八年雷震濂陽書院屏聯竹結米可食　汪志

咸豐三年火焚城隍廟頭門冬十月桃李實　汪志

五年夏五月大水衝决隄防田畝甚多是年許楚賢一産三男

汪志

八年雨赤豆前志

同治四年秋八月初六日雷擊大成殿西楹前志

九年夏四月禾生螟設劉猛將軍神位齋禱三日不為災秋禾大熟周志

十一年教諭署生芝草大如盤

十三年五月彗星見西北方

光緒二年六月大水禾鐮石山崩移河中城外不通舟楫自此始

三年五月大水秋收不熟

四年四月大水五月大饑米價昂
七年六月彗星出東北方七夜
八年八月彗星見東南方光燄燭天約長丈餘十一月乃沒
九年七月至十一月大疫
十一年十月星落如雨
十三年八九月大疫
十七年三月雨落田間黑如墨汁七八月旱田禾歉收
十八年正月大疫四月初旬南門外田陷深不見底冬十一月
大雪平地積雪盈尺樹木花草凍壞者多是年歲歉
十九年春夏邑大饑鱗潭各處竹結米可食全活甚眾是年秋

收大熟茶子倍獲以上俱新增

胡志原跋

災祥之説漢儒爲甚君子詬焉顧春秋二百四十年中史不絶書天人感召之故不可誣也俗士不詧動委諸氣數遂茫然於恐懼修省之旨嗚呼誤矣夫休咎之徵民命攸關臚而陳之未必非召杜龔黄之一助也志祥異

【同治】廣昌縣志

（清）曾毓璋纂修

清同治六年（1867）刻本

祥異

志分野而次以祥異何非以論星學也責諸人焉也書曰德惟一動罔不吉德二三動罔不凶君子所責者德而已德一則祥一中和位育皆協應焉雖有異焉者寡矣是故君子神變化而行鬼神也其輿也孰禦

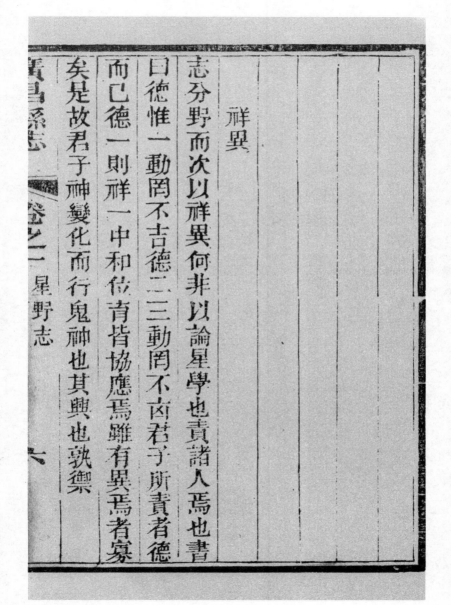

宋嘉泰二年曹進之來宰邑金芝之産縣廨田生嘉禾

紹定三年庚寅　文廟燬

元至元二十七年庚寅七月江西淦兩廣昌水皆溢

延祐元年甲寅秋八月邑大水發廩減價賑糶　二年乙卯夏四月饑發廩賑糶

至治元年辛酉夏四月民饑發米賑之

泰定元年大饑賑糧有差

至順元年饑發糧並鈔賑之

至正十四年甲午大饑人相食

明初人材盛出麟角里官倉前池蓮忽生異種正德間
復生白紅二種色味殊常
宏治十五年春二月望地震　十八年乙丑秋廣昌大
雨霧凡兩月民病且死者相繼
正德三年夏縣樵樓災雨電交作秋七月黑眚自庫及
廳入于獄有聲如裂屋　四年巳巳夏六月雷火焚
縣儀門雨電皆作冬十二月復焚　十五年夏六月
雨雪　十六年辛巳地震
嘉靖十二年冬十月星隕如雨樹底簌簌有聲十一月

地震　十四年夏五月大水　十九年庚子大饑民
多殍　二十三年甲辰夏饑十月大饑死者無算
三十六年丁巳七月日光相盪太白晝見
隆慶五年大有年
萬歷五年丁丑八月彗星見于西長丈餘經四旬没
十三年乙酉宣化門内外城樓火知縣葉公世德兆
建
二十年壬辰秋縣衙災知縣顏公魁槐鼎建
天啟七年丁卯六月河水高一丈衝破順化渡文昌橋

崇禎五年壬申大饑斗米一錢二分

六年癸酉六月河東塔火

十六年五月兩日磨盪

十七年甲申二月天赤如霞注雨如血

國朝順治三年丙戌四月吳游里金龍出現九月大

兵至廣昌始隸版圖

順治四年丁亥二月至五月連雨升米四分大饑

順治七年庚寅十二月二十五日夜地震

順治十三年丙申二月初五日午時兩日磨盪

順治十三年丙申五月河水漲高一丈城內水深五尺

順治十六年已亥宣化門內城樓火知縣沈公寅鼎建

康熙十年彗星夜見西方長丈餘

康熙十九年白氣夜見自西而北

康熙三十五年丙子夏饑民聚衆搶穀知縣王公以坤擒其首律之餘黨皆散秋大有

康熙三十六年丁丑饑

康熙四十三年夏六月邑大水　六十年辛丑旱自五月至八月不雨　六十一年壬寅邑饑

雍正四年夏五月大水　五年邑大水

乾隆元年大有年　八年癸亥大飢奉文賑恤納耆多

出粟劝賑　十三年戊辰旱　十五年庚午邑大水

二十一年大有年　五十七年六月大水升米五分

沐　恩賑恤

嘉慶五年七月十六日大水衝破西藏灣黄家堡河東

塹等處田園成洲北門城墻傾倒五丈餘淹死人民

無數倉谷漂没數千餘担邀　恩賑恤

道光元年四月朔五星聚奎　七年有穀之家俱生蠹

建醮禳之乃滅　十一年夏四月未雨富者囤積居
奇穀價驟昂縣主曾公興仁諭招商無遏糴有販運
入境者增價糴之未半月人爭出其穀穀價即平年
仍大有　十四年大饑每斗米合錢八百文縣主宋
公應文發常平倉穀賑之恐其不敷仍勸捐粥賑
十五年大疫民死無數市缺棺木　二十三年七月
有白氣見於東方長數十丈尾西指月餘始沒　二
十九年六月淫雨連綿早稻登場不能曬穀皆發芽
三十年大有年

咸豐四年五月二十三日戌刻陡患蛟水西南北城墻皆衝破平地水深丈餘人民淹死者以萬計城內衙署倉庫坍塌居民屋宇僅存十之一二縣主李公人鏡帶印急趨援屋棟上乃免旋稟發 帑叄千金賑恤 八年八月彗星見光長十數丈 十一年八月朔日月合璧四星聯珠

同治五年年大有

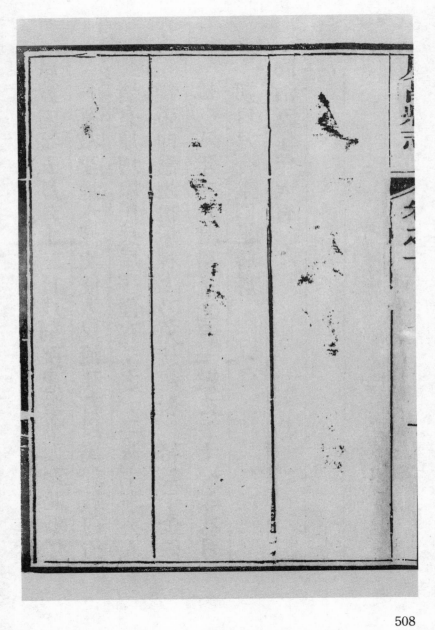